ODISEA QUANTUM I

TOTALIDAD CUÁNTICA: LA UNIDAD FUNDAMENTAL DEL UNIVERSO

DR. JOSE ANGEL MUÑOZ IBARRA.

DURANGO, DURANGO, MEXICO.

INVIERNO 2024.

CONTENIDO

INTRODUCCION

Totalidad Cuántica: La Unidad Fundamental del Universo

En el corazón de la física moderna se encuentra una verdad sorprendente: el universo no está compuesto de fragmentos aislados, sino que es una red profundamente interconectada de posibilidades y realidades. Este concepto, conocido como **totalidad cuántica** , representa una visión revolucionaria de la existencia, en la que todas las partículas y fuerzas están unidas en un marco indivisible. Más allá de ser un modelo científico, la totalidad cuántica es una invitación a replantear nuestra relación con el cosmos y con nosotros mismos.

La visión clásica frente a la cuántica

Durante siglos, la física clásica describió el universo como un conjunto de objetos independientes que interactúan según leyes predecibles. En este marco, los eventos estaban determinados por relaciones de causa y efecto, y el mundo podía dividirse en partes separadas para ser comprendido.

Sin embargo, el advenimiento de la mecánica cuántica a principios del siglo XX desafió esta visión. Experimentos como el de la doble rendija y el entrelazamiento cuántico revelaron que las partículas no son entidades independientes. En cambio, su comportamiento depende de sus relaciones con otras partículas y del contexto en el que se observan. Esta interdependencia sugiere que el universo no está compuesto de partes aisladas, sino que es una totalidad en la que todo está conectado.

El entrelazamiento cuántico: Un ejemplo de totalidad

Uno de los fenómenos más paradigmáticos de la mecánica cuántica es el **entrelazamiento** . Cuando dos partículas se entrelazan, sus estados se vuelven interdependientes, de modo que cualquier cambio en una afecta instantáneamente a la otra, sin importar la distancia que las separe. Este fenómeno, que Albert Einstein llamó "acción fantasmagórica a distancia", sugiere que las partículas están unidas por una conexión más allá del espacio y el tiempo.

El entrelazamiento no solo desafía nuestra comprensión de la causalidad, sino que también refuerza la idea de que el universo opera como una totalidad cuántica. Las partículas no son entidades separadas, sino expresiones de un campo mayor en el que todo está interconectado.

El vacío cuántico: El tejido de la totalidad

Otro aspecto clave de la totalidad cuántica es el **vacío cuántico** , que, lejos de ser vacío, es un mar de fluctuaciones energéticas y potencialidades infinitas. Este vacío no solo sustenta las partículas y las fuerzas conocidas, sino que también actúa como el tejido que conecta todas las manifestaciones del universo.

En este marco, las partículas no son objetos independientes, sino manifestaciones temporales de un campo subyacente. Cada partícula, cada interacción, es un nodo en una red mayor que trasciende nuestra percepción lineal del tiempo y el espacio. La totalidad cuántica se convierte, así, en una descripción tanto de lo visible como de lo invisible, de lo manifiesto y lo potencial.

La totalidad cuántica y la experiencia humana.

Aunque la totalidad cuántica es un concepto físico, tiene profundas implicaciones filosóficas y existenciales. Si todo en el universo está interconectado, entonces nosotros, como seres humanos, no somos entidades separadas, sino parte de esta red cósmica. Cada pensamiento, acción y emoción se convierte en una expresión de este todo mayor.

La totalidad cuántica también nos invita a reconsiderar nuestras divisiones entre lo material y lo espiritual, entre lo individual y lo colectivo. Desde esta perspectiva, no hay fronteras reales, solo conexiones que nos unen con todo lo que existe.

IMPLICACIONES FILOSÓFICAS DE LA TOTALIDAD CUÁNTICA

1. **Unidad y diversidad:** La totalidad cuántica sugiere que la diversidad del universo no es una contradicción de su unidad, sino una expresión de ella. Cada forma, desde una galaxia hasta una partícula, es una manifestación única de un mismo campo subyacente.
2. **La ilusión de la separación:** En nuestra vida diaria, percibimos el mundo como fragmentado: yo y el otro, aquí y

allí. La totalidad cuántica desafía esta percepción, recordándonos que la separación es una ilusión creada por nuestras limitaciones cognitivas.

3. **El universo como red:** En lugar de ser un mecanismo rígido, el universo es una red dinámica de relaciones en constante evolución. Este modelo resuena con las filosofías antiguas que ven el cosmos como un organismo vivo.

Conclusión: La totalidad como paradigma

La idea de totalidad cuántica no es solo un modelo científico; es un cambio de paradigma que transforma nuestra comprensión del universo y de nuestro lugar en él. Al reconocer que todo está interconectado, podemos empezar a vernos no como observadores externos del cosmos, sino como participantes activos en su red infinita.

La totalidad cuántica nos invita a abrazar una visión de la realidad que no está fragmentada, sino integrada. Es un recordatorio de que, en el nivel más profundo, no hay divisiones entre lo que somos y lo que es el universo. Somos expresiones de una misma totalidad, unidas por un flujo eterno de conexiones que trasciende el tiempo, el espacio y la imaginación.

DISEÑO INICIAL DE UNA NAVE MICROSCÓPICA PARA LA EXPLORACIÓN SUBATÓMICA.

Para iniciar esta odisea al microcosmos, propongo una nave llamada **"Quantum Voyager"** , diseñada para operar en un entorno subatómico. Este vehículo debe cumplir con características avanzadas para explorar estructuras fundamentales como protones, neutrones, electrones y quarks. También estará diseñado para permitir un control humano y asistencia de una inteligencia artificial avanzada.

Estructura general de la Voyager Cuántica

1. **Escala y material:**
   - **Tamaño:** Dimensiones equivalentes a unos cuantos femtómetros (10^{-15} metros), lo suficiente para maniobrar entre partículas subatómicas.
   - **Material:** Construida con un material hipotético de **nanocristales cuánticos** , que permite mantener una estructura estable a nivel cuántico sin interferir significativamente con las partículas observadas.
2. **Forma:**
   - **Esférica:** Minimiza la interferencia con campos electromagnéticos y partículas circundantes.
   - **Recubrimiento electromagnético adaptativo:** Permite navegar en entornos altamente energéticos, como campos magnéticos o núcleos atómicos, sin ser destruido.

Cabina de control (Módulo de Comando)

1. **Operador humano:**
   - Situado en un módulo de realidad aumentada en escala macroscópica (en la base terrestre). Este módulo incluye una interfaz de **control táctil y gestual** que permite manipular la nave mediante simulaciones en tiempo real.
   - La percepción del entorno subatómico se logra mediante un sistema de traducción visual que

transforma los datos cuánticos en imágenes comprensibles para el operador.

2. **Interfaz y control:**
   - **Consola de inmersión:** Proyecta una simulación tridimensional del entorno subatómico basada en lecturas en tiempo real.
   - **Exoesqueleto háptico:** Permite al operador "sentir" las fuerzas y las interacciones subatómicas.

Sistemas de la nave

1. **IA avanzada – "SaganAI":**
   - Diseñada para analizar interacciones cuánticas complejas, realizar cálculos instantáneos y sugerir rutas de exploración seguras.
   - Capaz de identificar partículas, evaluar probabilidades de interacción y coordinar respuestas en caso de alteraciones en el entorno.
   - Diálogo con el operador, ofreciendo explicaciones detalladas de los fenómenos observados.
2. **Propulsión:**
   - Basada en el **principio de fluctuaciones cuánticas** , emplea impulsos generados por diferencias en la densidad de energía del vacío cuántico.
   - Dirección precisa mediante microajustes electromagnéticos, permitiendo la navegación alrededor de protones, neutrones y electrones.
3. **Sensores:**

- **Espectrómetro cuántico:** Analiza la composición y estructura de partículas subatómicas.
- **Detector de campos:** Mapea campos eléctricos, magnéticos y gravitacionales a escala subatómica.
- **Imager cuántico tridimensional:** Construye visualizaciones precisas de las estructuras observadas.

4. **Escudo protector:**
   - Campo cuántico adaptativo que minimiza el impacto de fuerzas externas, como interacciones con partículas alfa o rayos gamma.

Secuencia de lanzamiento y control.

1. **Fase de miniaturización:** La nave es proyectada al microcosmos mediante un proceso de reducción cuántica inversa, conservando su integridad estructural.
2. **Estación de comando en tierra:** El operador dirige las exploraciones desde una sala de simulación inmersiva, donde cada decisión se traduce en movimientos precisos de la nave.
3. **SaganAI en acción:** Supervisa los sistemas de la nave, detecta riesgos y sugiere objetivos científicos relevantes.

MISIÓN INICIAL: EXPLORACIÓN DE UN PROTÓN

El primer objetivo será entrar en la estructura interna de un protón, identificando sus componentes fundamentales (quarks y gluones) y observando cómo las fuerzas nucleares fuertes mantienen la cohesión.

Bitácora de Misión: Odisea al Microcosmos - Quantum Voyager

Misión 001: Exploración del Protón

- **Fecha de inicio:** [13 de Agosto 2045]
- **Hora de lanzamiento:** [13:00 A M]
- **Operador humano:** Dr. [ALIS]
- **Inteligencia Artificial:** SaganAI v1.0
- **Ubicación del módulo de comando:** Centro de Control Microcosmos, Tierra
- **Ubicación de destino:** Interior de un protón (núcleo de un átomo de hidrógeno)

Fase 1: Activación y miniaturización

- **Bitácora 01.01:**
    - Proceso de reducción cuántica completado con éxito.
    - La nave Quantum Voyager ha alcanzado una escala funcional de 1 femtómetro.
    - SaganAI confirma la integridad estructural y funcionalidad de los sistemas.
- **Bitácora 01.02:**
    - Establecida comunicación en tiempo real entre ALIS y SaganAI.

- Los sensores de la nave detectan el núcleo atómico objetivo. Secuencia de aproximación iniciada.

Fase 2: Entrada en el Protón

- **Bitácora 02.01:**
  - La nave cruza el límite del protón. Campo electromagnético circundante estable.
  - SaganAI registra fluctuaciones de quarks y gluones.
  - ALIS ajusta la trayectoria para observar las interacciones entre partículas.
- **Bitácora 02.02:**
  - Primer contacto visual con un **quark up** y un **quark down** .
  - Los gluones que median la fuerza nuclear fuerte se detectan como filamentos energéticos dinámicos.
  - La IA realiza un mapeo tridimensional de la estructura interna del protón.

Fase 3: Observación y análisis

- **Bitácora 03.01:**
  - ALIS activa el espectrómetro cuántico para analizar la energía de enlace.
  - SaganAI informa que la fuerza nuclear fuerte (medida en femtonewtons) es mayor de lo estimado en simulaciones previas.
- **Bitácora 03.02:**

- Primera evidencia visual y cuantitativa de la fluctuación cuántica en la densidad de gluones.
- Descubrimiento: las partículas subatómicas muestran un comportamiento ondulatorio no registrado antes. SaganAI recomienda realizar registros detallados para análisis posteriores.

Fase 4: Extracción

- **Bitácora 04.01:**
  - Navegación hacia el límite externo del protón.
  - Los sistemas de propulsión cuántica aseguran una salida segura sin alterar la estructura del núcleo.
  - Datos recopilados: espectrometría, mapeo visual y análisis dinámico de las fuerzas internas del protón.
- **Bitácora 04.02:**
  - Quantum Voyager retorna al módulo de miniaturización en Tierra.
  - Los sistemas de traducción de datos convierten la información recopilada en un modelo visual comprensible.

Resumen del objetivo alcanzado:

- **Descubrimientos clave:**
  - Confirmación visual de los quarks y gluones en acción.
  - Nuevas dinámicas ondulatorias en las fluctuaciones cuánticas.

- Datos precisos sobre la energía de enlace y la distribución de gluones.

- **Impacto científico:**
    - Progreso en la comprensión de la fuerza nuclear fuerte.
    - Bases para futuras misiones hacia estructuras aún más pequeñas, como la interacción de quarks y bosones de Higgs.

Bitácora de Misión 001: Exploración del Protón - Quantum Voyager

Fecha: [13 de Agosto 2045]
Hora de inicio: [13:00 HS]
Operador humano: Dra. ALIS
IA de apoyo: SaganAI v1.0
Objetivo: Profundizar en el interior de un protón, identificando quarks, gluones y las dinámicas de la fuerza nuclear fuerte, combinando descubrimientos científicos con la experiencia humana.

Microrrelato: El Umbral de lo Invisible

ALIS exhaló lentamente mientras la Quantum Voyager iniciaba su miniaturización. "En el universo subatómico", pensó, "somos exploradores en un océano de energías primigenias". La voz calmada de SaganAI resonó:
—Reducción completada. Dimensiones actuales: 1 femtómetro. Configurando sensores para interacción mínima.

Frente a él, las pantallas tridimensionales transformaban lo invisible en formas y colores. El núcleo de un átomo de hidrógeno apareció como un resplandor oscilante, vibrante, envuelto en un campo de fuerzas incognoscibles. Cada partícula parecía danzar, guiada por leyes tan antiguas como el cosmos.

ALIS susurró:
—Es más hermoso de lo que imaginé.

Fase 1: Entrada al Protón

La Quantum Voyager avanzó hacia el núcleo. Los sensores registraron el límite electromagnético que delimitaba el protón. SaganAI explicó:
—El campo detectado está compuesto por fluctuaciones cuánticas. Son manifestaciones de partículas virtuales que emergen y desaparecen.

La nave cruzó el umbral. ALIS sintió una leve vibración; era como si el espacio mismo la abrazara y luego la dejara pasar. Dentro del protón, la realidad era caótica y serena al mismo tiempo.

- **Nuevos conocimientos científicos:**
  - Confirmación experimental de las fluctuaciones cuánticas dentro del campo de fuerza nuclear.
  - Las partículas virtuales detectadas se comportan como puentes efímeros que sostienen las fuerzas subatómicas.

Fase 2: Primer Contacto con Quarks y Gluones

La nave avanzó hasta el corazón del protón. Frente a ALIS, descubrió los **quarks up y down** , manifestándose como esferas vibrantes conectadas por filamentos energéticos que destellaban al azar: los gluones. SaganAI registró sus propiedades:
—Quarks up: carga fraccional positiva de +⅔ e.

—Quarks down: carga fraccional negativa de -⅓ e.
—Los gluones actúan como mediadores de la fuerza nuclear fuerte, transmitiendo energía entre quarks en un patrón no lineal.

ALIS se inclinó hacia la proyección tridimensional.
— ¿Puedes calcular la energía de enlace, Sagan?

—Energía estimada: 10^{109} julios por femtómetro cúbico. Esta es la fuerza más poderosa conocida en el universo, superando la gravedad por órdenes de magnitud.

ALIS no pudo evitar sentirse pequeña. "Esta energía", pensó, "es lo que mantiene unidas las estrellas y las galaxias".

Fase 3: Exploración de Dinámicas Cuánticas

ALIS dirigió la nave hacia una interacción entre dos gluones. Los filamentos energéticos se entrelazaban y se separaban con una precisión casi poética.
—Sagan, ¿puedes analizar este fenómeno?

—Es un proceso conocido como "confinamiento cuántico". Los quarks nunca existen de forma aislada. Los gluones aseguran que, si uno se separa, la energía generada crea nuevos pares de quarks para mantener el sistema estable.

- **Nuevos conocimientos científicos:**
    - Confirmación visual y cuantitativa del confinamiento cuántico.
    - Mapeo de patrones energéticos que sugiere cómo las partículas subatómicas responden a perturbaciones extremas.

ALIS sintió una mezcla de asombro y humildad. Era como contemplar el mecanismo de un reloj universal, pero en una escala infinitamente más pequeña.

Fase 4: Encuentro con Fluctuaciones del Vacío

Al acercarse a los bordes internos del protón, el Quantum Voyager detectó anomalías: regiones donde la energía del vacío fluctuaba con intensidad.
—Sagan, ¿qué estamos viendo?

—Fluctuaciones del vacío cuántico. Estas son manifestaciones temporales de partículas y antipartículas. Su estudio podría revelar propiedades fundamentales del espacio-tiempo.

ALIS cómo observar partículas surgían y desaparecían en un destello.
— ¿Es esto lo que mantiene vivo al universo?

—Es una posibilidad, doctora. Estas fluctuaciones podrían explicar fenómenos como la energía oscura y la expansión del universo.

- **Nuevos conocimientos científicos:**
    - Evidencia directa de las fluctuaciones del vacío dentro de partículas nucleares.
    - Potenciales implicaciones para teorías de energía oscura y cosmología.

Microrrelato: Regreso a la Orilla

Después de horas de exploración, ALIS programó el retorno. Mientras la nave emergía del protón, sintió una extraña sensación de pérdida. Había estado dentro del corazón mismo de la materia, había visto lo que nadie más había visto.

—Sagan, ¿qué dirías que hemos logrado?

—Doctora, hoy hemos confirmado que lo infinitamente pequeño sostiene todo lo que somos.

ALIS musitando. "Quizá también lo que soñamos."

Resumen científico

Objetivo alcanzado:

- Observación directa de quarks, gluones y fluctuaciones del vacío.
- Confirmación del confinamiento cuántico y patrones energéticos en la fuerza nuclear fuerte.
- Datos iniciales para teorías de energía oscura y expansión cósmica.

Impacto científico:
El viaje no solo reveló la belleza oculta del microcosmos, sino que sentó las bases para comprender cómo estas fuerzas invisibles construyen el universo visible.

Bitácora de Misión 002: Exploración del Bosón de Higgs - Quantum Voyager

Fecha: [19 de Agosto 2045]
Hora de inicio: [13:00 Hs]
Operador humano: ALIS
IA de apoyo: SaganAI v1.1
Objetivo: Penetrar en el entorno energético donde se manifiesta el Bosón de Higgs, el "campo creador de masas" ", para observar directamente cómo interactúan con las partículas fundamentales.

Microrrelato: Rumbo al Creador de la Materia

ALIS ajustó su visor inmersivo. Ante él, el mapa del destino se proyectaba: una región en el microcosmos donde energías colosales interactuaban para revelar uno de los secretos más profundos del universo. "El Bosón de Higgs", pensó, "no es solo una partícula. Es una puerta hacia la comprensión de por qué la materia existe como tal".

SaganAI habló, con su tono calmado pero intrigante:
—Doctora, estamos entrando en un dominio energético equivalente al momento inicial tras el Big Bang. Prepárese para datos que podrían redefinir nuestras nociones de masa y energía.

La nave vibró levemente, cruzando un umbral invisible. ALIS sintió una punzada de emoción: era como si estuviera a punto de encontrarse con el arquitecto de la misma realidad.

Fase 1: Localización del Campo de Higgs

Al avanzar, los sensores de la nave comenzaron a detectar el campo de Higgs, un entramado energético omnipresente. Era como una malla invisible que atravesaba todo el espacio conocido.
—Doctora, los datos indican que este campo está interactuando con partículas cercanas. Esta interacción es la responsable de su masa aparente.

ALIS contempló la proyección: partículas fundamentales como los quarks y los leptones parecían "sumergirse" en este campo, ralentizándose y adquiriendo masa. Era un baile cuántico, sutil y trascendental.

- **Nuevos conocimientos científicos:**
    - Visualización directa del **Campo de Higgs

Fase 2: Visualización del Bosón de Higgs

ALIS dirigió la Quantum Voyager hacia las fluctuaciones donde se manifestaba el Bosón de Higgs. En el campo de visión tridimensional, apareció algo extraordinario: una partícula efímera, destellando como un susurro luminoso en un océano de energía.

SaganAI explicó:
—El Bosón de Higgs es una partícula intermediaria. Su existencia confirma que el campo de Higgs interactúa con partículas fundamentales, otorgándoles masa. Pero su naturaleza es extremadamente inestable: solo persiste por una fracción de segundo antes de decaer.

—Y ¿qué pasó durante ese instante? —preguntó ALIS, fascinada.

—En ese instante, se establece la conexión entre las fuerzas del universo y la materia tal como la conocemos. Sin esta interacción, el universo sería una sopa de partículas sin forma ni estructura.

ALIS cómo observar el Bosón desaparecía, dejando tras de sí un patrón energético complejo. Era como si la partícula escribiera la fórmula misma de la existencia antes de desvanecerse.

- **Nuevos conocimientos científicos:**
    - Confirmación visual del corto tiempo de vida del Bosón de Higgs.
    - Detección de patrones energéticos que sugiere la forma en que interactúa con el Campo de Higgs y transfiere propiedades de masa.

Fase 3: Interacción con Partículas Fundamentales

La Quantum Voyager se acercó a un grupo de partículas que atravesaban el Campo de Higgs. ALIS vio cómo unas parecían "deslizarse" por el campo sin adquirir masa, mientras que otras parecían "chocar" y ralentizarse, como si estuvieran nadando en un océano viscoso.

—¿Por qué algunas partículas no interactúan con el campo? —preguntó ALIS.

—Son partículas como los fotones —respondió SaganAI—, que no tienen masa. Esto confirma que no todas las partículas están influenciadas por el Campo de Higgs. Las propiedades específicas de una partícula determinan su interacción.

ALIS reflexionó: "Es como si el campo de Higgs seleccionara quién puede bailar en su espacio. Aquellos que no participan permanecen ligeros, mientras que los demás cargan con el peso del universo".

Fase 4: Observación del Decaimiento del Bosón de Higgs

La Quantum Voyager registró un fenómeno inesperado: el proceso de decadencia del Bosón de Higgs. Al desintegrarse, generaba partículas secundarias como quarks y bosones W y Z, las cuales alimentaban las fuerzas fundamentales del universo.

SaganAI destacó:
—Esto confirma el papel del Bosón de Higgs como intermediario en la creación de partículas con masa. Sin él, la estructura misma del universo colapsaría.

ALIS observaba con asombro cómo cada partícula secundaria parecía encontrar su lugar, contribuyendo al gran mosaico del universo. Era como presenciar el eco de la creación.

- **Nuevos conocimientos científicos:**
    - Registro completo de los patrones de decaimiento del Bosón de Higgs.
    - Identificación de partículas secundarias y su papel en la estabilización de las fuerzas fundamentales.

Microrrelato: El Latido de la Creación

Cuando la nave comenzó su regreso, ALIS miró hacia el campo que ahora quedaba atrás. Había visto lo que pocos podían imaginar: el momento en que la materia se forma, el instante en que la existencia se define.

—Sagan, ¿qué significa todo esto? —preguntó, con una voz que revelaba tanta maravilla como humildad.

—Significa, doctora, que en lo más pequeño encontramos las raíces de lo más grande. Cada estrella, cada galaxia, cada ser vivo está sostenido por esta interacción invisible. El Bosón de Higgs es el latido silencioso que da forma al universo.

ALIS cerró los ojos un momento, dejando que las palabras resonaran en su mente. Luego murmuró:
—Es un privilegio estar aquí, entre los cimientos de la realidad.

Resumen científico

Objetivo alcanzado:

- Observación directa del Bosón de Higgs y su interacción con el Campo de Higgs.
- Comprensión de cómo el campo otorga masa a partículas fundamentales.
- Registro del proceso de decaimiento del Bosón y sus implicaciones en la física de partículas.

Impacto científico:
El viaje ha revelado los mecanismos esenciales que sustentan la existencia de la materia, ofreciendo nuevas perspectivas sobre la relación entre energía, masa y las fuerzas fundamentales del universo.

Próxima misión: Exploración del Vacío Cuántico Profundo

¿Continuamos hacia las fluctuaciones del vacío cuántico, donde podrían encontrar claves para entender la energía oscura y la expansión del universo?

Bitácora de Misión 003: Exploración del Vacío Cuántico Profundo - Quantum Voyager

Fecha: [21 de Agosto de 2045]
Hora de inicio: [13:00]
Operador humano: Dra. ALIS
IA de apoyo: SaganAI v1.2
Objetivo: Penetrar en el vacío cuántico para estudiar las fluctuaciones energéticas que sustentan el espacio-tiempo y su posible conexión con la energía oscura.

Microrrelato: Entre lo invisible

ALIS se sentó en la cabina, mirando las simulaciones del vacío cuántico proyectadas en su visor. Frente a ella, una representación del vacío mostraba un paisaje aparentemente tranquilo, pero lleno de pequeños destellos. Era el latir del universo en su forma más básica: partículas que nacían y desaparecían en un ciclo infinito.

—Sagan, ¿qué es el vacío? —preguntó, más para sí misma que para la IA.

—No es nada, doctora, pero tampoco es ausencia. Es un océano invisible de energía latente. Cada fluctuación es una promesa de existencia.

ALIS ajustó los controles. Si el Bosón de Higgs era el corazón del cosmos, el vacío cuántico era su alma. La Quantum Voyager inició el descenso hacia lo más profundo del microcosmos.

Fase 1: Entrada al Vacío Cuántico

La Quantum Voyager alcanzó una región donde el espacio parecía "silencio puro". Sin embargo, los sensores detectaron algo extraordinario: pequeños parpadeos energéticos, similares a burbujas que surgían en un mar oscuro.

—Doctora, estamos observando fluctuaciones cuánticas del vacío. Estas son partículas virtuales que emergen espontáneamente antes de aniquilarse entre sí —explicó SaganAI.

ALIS observó los destellos en las proyecciones tridimensionales.
—¿Pueden ser estas fluctuaciones la clave para entender la energía oscura?

—Es una hipótesis plausible. Estas fluctuaciones podrían estar generando la energía que impulsa la expansión acelerada del universo.

Fase 2: Análisis de las Fluctuaciones

La Quantum Voyager desplegó sus sensores avanzados, analizando las fluctuaciones del vacío. Los datos revelaron que estas burbujas de energía no eran completamente aleatorias. Existían patrones, resonancias que podrían ser fundamentales para entender la estructura del espacio-tiempo.

- **Nuevos conocimientos científicos:**

- Evidencia de patrones en las fluctuaciones cuánticas.
- Medición de energía mínima en el vacío (energía de punto cero).
- Potencial relación con la expansión cósmica.

ALIS ajustó los controles, acercándose a una fluctuación particularmente intensa. Era como si algo "luchara" por existir, como si el vacío fuera un campo fértil esperando germinar.

Fase 3: Interacción con el Espacio-Tiempo

A medida que la nave avanzaba, detectó un fenómeno inesperado: las fluctuaciones parecían curvar el espacio a su alrededor. Era un efecto similar al de la gravedad, pero en una escala minúscula.

—Doctora, estamos observando un fenómeno extraordinario: las fluctuaciones del vacío están generando curvaturas en el espacio-tiempo. Esto podría ser el origen de la energía oscura que afecta al universo en grandes escalas.

ALIS sintió un escalofrío. Había leído sobre estas posibilidades, pero verlo en tiempo real era como asomarse a los cimientos mismos de la realidad.

- **Nuevos conocimientos científicos:**
    - Confirmación de que las fluctuaciones del vacío pueden generar curvatura del espacio-tiempo.
    - Hipótesis fortalecida sobre el vínculo entre energía de punto cero y la expansión cósmica.

Microrrelato: El Murmullo del Universo

ALIS cerró los ojos por un momento, dejando que el sonido simulado de las fluctuaciones llenara sus oídos. Era un murmullo constante, como el susurro de un río. Pensó en lo que significaba: el vacío no estaba vacío. Era el lugar donde todo podía empezar, donde las galaxias, las estrellas y la vida misma se encontraban su origen más básico.

—Sagan, ¿estamos viendo el origen de todo? —preguntó.

—No solo del todo, doctora. También de lo posible.

Fase 4: Extracción y Reflexión

La Quantum Voyager inició su regreso, llevándose datos de incalculable valor. ALIS miró las pantallas por última vez. Cada fluctuación, cada destello, era una promesa de algo que podría existir, de algo que podría ser.

—Hemos llegado al corazón de la creación —dijo ALIS mientras la nave salía del vacío cuántico.

Resumen científico

Objetivo alcanzado:

- Observación directa de fluctuaciones cuánticas en el vacío.
- Confirmación de patrones energéticos y su interacción con el espacio-tiempo.
- Hipótesis fortalecida sobre la relación entre energía de punto cero y la expansión acelerada del universo.

Impacto científico:
Este viaje ha revelado que el vacío no es un estado de "nada", sino una realidad vibrante que sustenta todo lo conocido. Las fluctuaciones

observadas podrían ser la clave para entender la energía oscura y las fuerzas fundamentales que rigen el cosmos.

Bitácora de Misión 004: Exploración de la Materia Oscura - Quantum Voyager

Fecha: [28 de Agosto 2045]
Hora de inicio: [13:00]
Operador humano: Dra. ALIS
IA de apoyo: SaganAI v1.3
Objetivo: Penetrar las regiones invisibles del microcosmos donde podría manifestarse la materia oscura, identificando interacciones posibles y explorando su naturaleza en relación con la estructura del universo.

Microrrelato: La Sombra del Cosmos

La cabina de comando estaba inmersa en un silencio expectante. ALIS ajustó su visor, observando la representación holográfica de la región a explorar: un espacio aparentemente vacío, pero cargado de una presencia que desafiaba toda lógica. Era como mirar el negativo de una fotografía cósmica: no había luz, pero algo estaba allí, sosteniendo las estrellas, las galaxias, y tal vez el universo entero.

—Doctora, nos dirigimos hacia un dominio donde los datos tradicionales se desvanecen —advirtió SaganAI—. Prepárese para un viaje a lo desconocido.

ALIS tomó una profunda inspiración. “Esto no es solo ciencia”, pensó, “es la búsqueda de la esencia invisible del universo”.

Fase 1: Aproximación a Regiones de Gravedad Anómala

La Quantum Voyager se dirigió hacia un punto donde las simulaciones indicaban la presencia de materia oscura. Estas regiones, identificadas por su influencia gravitacional, parecían formar una red cósmica que mantenía unidas a las galaxias.

—Sagan, ¿puedes describir lo que estamos viendo? —preguntó ALIS.

—Estamos entrando en un nodo de la red cósmica. La materia visible es solo el 15% de lo que hay aquí. El resto es materia oscura, invisible, detectable únicamente por sus efectos gravitacionales.

ALIS era como observar las galaxias cercanas que parecían moverse en órbitas imposibles de explicar solo con la materia visible. Era como si algo las guiara desde las sombras.

- **Nuevos conocimientos científicos:**
  - Confirmación de las interacciones gravitacionales de la materia oscura.
  - Mapeo inicial de un nodo de la red cósmica, donde la materia oscura domina.

Fase 2: Exploración de Partículas Oscuras

La Quantum Voyager desplegó sus detectores avanzados, diseñados para identificar partículas que interactúan débilmente (WIMP, por sus siglas en inglés). Las lecturas iniciales mostraron partículas que no emitían ni absorbían luz, pero que dejaban rastros sutiles en el espacio-tiempo.

—Doctora, estamos detectando una señal compatible con WIMP. Estas partículas podrían explicar la masa no visible del universo.

ALIS observa los datos. Las partículas se movían en patrones inesperados, interactuando débilmente con otras formas de materia. Era como si estuvieran allí, pero se negaran a ser vistas o tocadas.

- **Nuevos conocimientos científicos:**
  - Primera detección directa de señales compatibles con partículas de materia oscura.
  - Estudio inicial de las interacciones débiles entre la materia oscura y la visible.

Fase 3: Comportamiento de la Materia Oscura

Mientras la Quantum Voyager avanzaba, ALIS observó cómo las partículas de materia oscura parecían formar estructuras alrededor de la materia visible. Era como si actuaran como un esqueleto invisible que daba forma al universo.

—Sagan, ¿podríamos estar observando el "molde" del universo? —preguntó ALIS, sin apartar la mirada de las proyecciones.

—Es posible, doctora. La materia oscura parece actuar como un andamiaje cósmico, una red que sostiene la materia visible y permite que las galaxias y estructuras a gran escala se formen y permanezcan unidas. Sin esta red, el universo sería un caos disperso.

La Quantum Voyager navegó más profundamente en la región de alta densidad de materia oscura. Los sensores comenzaron a detectar patrones inusuales, como corrientes invisibles que parecían guiar las partículas de materia visible hacia ciertos puntos. Era un flujo constante y ordenado, pero completamente ajeno a las leyes habituales de la física observable.

Fase 4: Interacciones de Materia Oscura y Energía Oscura

De repente, los sensores de la nave captaron una interacción inesperada: fluctuaciones energéticas que parecían emerger en los bordes del nodo de materia oscura.

—Sagan, ¿qué estamos viendo? —preguntó ALIS, intrigada.

—Es posible que estemos observando una interacción entre materia oscura y lo que se conoce como energía oscura. Las fluctuaciones sugieren que, en ciertas condiciones, estas dos entidades podrían influirse mutuamente, afectando la expansión del universo.

Samuel frunció el ceño.
—¿La materia oscura no solo sostiene el universo, sino que también podría estar modulando su expansión?

—Es una hipótesis válida, doctora. Si estas fluctuaciones están relacionadas, podrían explicar cómo la energía oscura acelera la expansión mientras la materia oscura estabiliza las estructuras internas.

- **Nuevos conocimientos científicos:**
    - Primera observación de posibles interacciones entre materia y energía oscuras.
    - Datos iniciales sobre cómo estas fuerzas complementan sus efectos a diferentes escalas cósmicas.

Microrrelato: La Sombra y la Luz

ALIS se reclinó en su asiento, mirando la proyección del nudo de materia oscura. Era como contemplar una obra maestra oculta bajo un lienzo. Lo visible era solo una pequeña fracción; la verdadera belleza residía en lo que no podía ser visto, pero estaba presente en cada movimiento del cosmos.

—Sagan, este viaje está cambiando nuestra visión del universo. ¿Es posible que nunca podamos ver directamente la materia oscura?

—Es probable, doctora. Pero a través de sus efectos, podemos entender su papel esencial. A veces, lo invisible no necesita ser visto para ser comprendido.

ALIS sonrió. "Quizá así sea con todo lo importante", pensó.

Fase 5: Regreso y Reflexión

La Quantum Voyager comenzó su regreso, llevando consigo un tesoro de datos sobre las propiedades de la materia oscura y sus posibles interacciones con la energía oscura. Samuel miró hacia el punto donde había estado el nudo, sabiendo que, aunque invisible a simple vista, era una de las fuerzas más fundamentales del cosmos.

—Sagan, hemos dado un paso hacia lo desconocido, pero siento que hay más allá.

—Doctora, la materia oscura no es el final de la exploración, sino un puente hacia la comprensión de fuerzas aún más profundas.

Resumen científico

Objetivo alcanzado:

- Detección y análisis de partículas compatibles con la materia oscura (WIMPs).
- Observación de estructuras formadas por materia oscura, actuando como un esqueleto cósmico.
- Posible interacción detectada entre materia y energía oscuras.

Impacto científico:
Este viaje confirma el papel crucial de la materia oscura como la base estructural del universo, abriendo nuevas preguntas sobre su relación con otras fuerzas fundamentales, como la energía oscura.

Próxima misión: Exploración del Horizonte de un Agujero Negro

¿Nos aventuramos hacia el límite del abismo cósmico, donde el espacio y el tiempo dejan de comportarse como los conocemos? Este viaje promete llevarnos al borde mismo de la realidad

Bitácora de Misión 005: Exploración del Horizonte de un Agujero Negro - Quantum Voyager

Fecha: [03 de Septiembre 2045]

Hora de inicio: [13:00]

Operador humano: Dra. ALIS

IA de apoyo: SaganAI v1.4

Objetivo: Acercarse al horizonte de eventos de un agujero negro para observar la curvatura extrema del espacio-tiempo, los efectos de la radiación de Hawking y posibles interacciones entre la materia visible y oscura en este entorno extremo.

Microrrelato: Al Borde del Abismo

ALIS ajustó su visor, observando la proyección del destino más fascinante y aterrador del universo: un agujero negro supermasivo. Frente a él, el espacio parecía deformarse como un espejo curvo, atrayendo todo lo que se acercaba hacia un punto de no retorno.

—Sagan, ¿cuál es nuestra distancia actual del horizonte de eventos? —preguntó ALIS con un tono firme, aunque no podía ocultar su asombro.

—Estamos a 100 veces la radio de Schwarzschild, doctora. En este punto, la curvatura del espacio-tiempo es medible pero no letal para nuestra nave. Preparando sistemas para aproximación controlada.

El agujero negro no era solo un objeto celeste; era una puerta hacia lo desconocido, un lugar donde las leyes de la física conocidas se retorcían y desafiaban toda lógica.

Fase 1: Acercamiento al Horizonte de Eventos

La Quantum Voyager activó su propulsión gravitatoria inversa, diseñada para contrarrestar la atracción extrema del agujero negro mientras permitía un acercamiento seguro. A medida que la nave se aproximaba, el espacio y el tiempo comenzaron a estirarse.

—Doctora, estamos entrando en una región de dilatación temporal significativa. Desde nuestra perspectiva, el tiempo en el exterior transcurre más rápido. Lo que experimentemos aquí será equivalente a semanas o meses en el universo exterior.

ALIS observó los efectos en las proyecciones tridimensionales. Las estrellas cercanas parecían acelerarse en sus órbitas, mientras que las partículas de materia que rodeaban el agujero negro formaban un disco de acreción brillante.

Nuevos conocimientos científicos:

Observación directa de la dilatación temporal extrema cerca de un agujero negro.

Análisis de partículas en el disco de acreción, incluyendo temperaturas y dinámicas gravitacionales.

Fase 2: Radiación de Hawking y el Horizonte

La Quantum Voyager alcanzó la proximidad máxima permitida al horizonte de eventos, el límite teórico donde la velocidad de escape es igual a la de la luz. En este punto, los sensores captaron emisiones energéticas únicas: la radiación de Hawking.

—Doctora, estamos detectando partículas virtuales que emergen en pares cerca del horizonte. Una partícula es absorbida por el agujero negro, mientras la otra escapa, generando esta radiación. Esto podría explicar la pérdida gradual de masa de un agujero negro con el tiempo.

ALIS se inclinó hacia las pantallas.

—Es como si incluso un agujero negro, el lugar más oscuro del cosmos, tuviera una forma de liberar su energía al universo.

Nuevos conocimientos científicos:

Confirmación directa de la radiación de Hawking.

Análisis de la dinámica de partículas virtuales cerca del horizonte de eventos.

Fase 3: Exploración del Espaguetizamiento

Mientras la Quantum Voyager se acercaba aún más, los sensores comenzaron a registrar los efectos extremos de la gravitación diferencial : el "espaguetizamiento".

—Sagan, ¿puedes explicar este fenómeno?

—Doctora, la gravedad en un agujero negro es tan intensa que la diferencia de atracción entre un punto cercano y otro más lejano puede estirar los objetos hasta extremos inimaginables. En teoría, un objeto se reduciría a una línea de partículas antes de cruzar el horizonte.

ALIS sintió un escalofrío al imaginar la destrucción total de la materia bajo tales condiciones. Sin embargo, era fascinante cómo las fuerzas más devastadoras también sostenían las estructuras más complejas del universo.

Nuevos conocimientos científicos:

Medición de la fuerza gravitatoria diferencial en las proximidades del horizonte de eventos.

Observación de partículas desintegrándose en estructuras alargadas.

Microrrelato: Un Vistazo al Infinito

ALIS miró hacia el abismo negro. Era un pozo sin fondo, un lugar donde el tiempo y el espacio se unían en un caos indescriptible.

—Sagan, ¿qué crees que hay más allá del horizonte?

—Es una pregunta que aún no podemos responder, doctora. Podría ser una singularidad donde toda la materia y energía se concentran, o un puente hacia otro universo.

ALIS sonriendo con melancolía. "El cosmos siempre nos deja preguntas, incluso cuando creemos estar cerca de las respuestas."

Fase 4: Regreso y Reflexión

La Quantum Voyager inició su regreso, alejándose del horizonte de eventos. Los datos recopilados habían llevado a ALIS al límite de lo que la mente humana podía concebir. Miró las pantallas por última vez, sabiendo que había tocado, aunque fuera de forma indirecta, el misterio más grande del universo.

—Sagan, ¿qué hemos aprendido hoy?

—Que incluso en los lugares más oscuros del cosmos, hay luz, doctora. Luz en forma de conocimiento, y en forma de preguntas que nos impulsan a seguir explorando.

Resumen científico

Objetivo alcanzado:

Confirmación directa de la radiación de Hawking.

Observación de la dilatación temporal y los efectos gravitatorios extremos cerca de un agujero negro.

Análisis de las partículas del disco de acreción y las fuerzas de marea extremas.

Impacto científico:

Este viaje ha aportado una comprensión más profunda de los agujeros negros, desde su interacción con la materia hasta los límites del espacio-tiempo. Ha abierto nuevas preguntas sobre qué podría haber más allá del horizonte de eventos y cómo se relacionan los agujeros negros con la estructura del universo.

Próxima misión: Exploración del Multiverso

¿Nos atrevemos a dar el salto hacia las posibilidades del multiverso? Este viaje podría revelarnos si nuestro universo es solo uno entre muchos.

Bitácora de Misión 006: Exploración del Multiverso - Quantum Voyager

Fecha: [10 de Septiembre 2045]
Hora de inicio: [13:00]
Operador humano: DRA. ALIS
IA de apoyo: SaganAI v1.5

Objetivo: Penetrar en los límites teóricos de nuestro universo observable para buscar evidencia de universos paralelos y explorar las propiedades del supuesto Multiverso.

Microrrelato: La Frontera del Todo

La cabina de comando estaba inmersa en un silencio inquietante. ALIS revisó los datos mientras la Quantum Voyager aceleraba hacia los confines del universo observable. Su destino era más que una región desconocida; Era una idea, un concepto que desafiaba los límites del pensamiento humano.

—Doctora, nos acercamos a la zona donde las estructuras conocidas del espacio-tiempo comienzan a desvanecerse —dijo SaganAI con su habitual serenidad.

ALIS tomó una respiración profunda.
—Si hay algo más allá de nuestro universo, Sagan, hoy podría ser el día en que lo descubramos.

Fase 1: Alcanzando los Confines del Universo Observable

La Quantum Voyager llegó al límite donde la expansión del universo, impulsada por la energía oscura, había llevado la materia más allá de la velocidad de la luz relativa al observador. Las estrellas y galaxias comenzaron a desvanecerse en el vacío.

—Doctora, hemos llegado a la barrera cósmica conocida como el horizonte cosmológico —anunció SaganAI—. Más allá de este punto, la luz de los objetos ya no puede alcanzarnos debido a la expansión acelerada del espacio.

ALIS observó cómo el universo parecía desvanecerse en una oscuridad que no era simplemente ausencia, sino una presencia misteriosa, una barrera que marcaba el final de lo conocido.

- **Nuevos conocimientos científicos:**
  - Confirmación visual del horizonte cosmológico y la dinámica de la expansión del universo.
  - Registro de la energía del vacío en la región límite.

Fase 2: Explorando las Membranas del Multiverso

De repente, los sensores captaron anomalías en las fluctuaciones del espacio-tiempo. Eran como ondulaciones en la textura del universo. SaganAI analizó los datos.

—Doctora, estas anomalías podrían ser indicios de membranas o "branas", las estructuras teóricas que conectan universos paralelos en la teoría de cuerdas.

La nave ajustó su trayectoria, acercándose a una región donde las ondulaciones eran más intensas. Frente a ALIS, el espacio comenzó a fracturarse en destellos de energía que parecían puertas hacia otras realidades.

—Es como si nuestro universo estuviera tocando el borde de otro —susurró ALIS, fascinada.

- **Nuevos conocimientos científicos:**
  - Detección de estructuras compatibles con las "branas".
  - Evidencia inicial de interacción entre universos paralelos.

Fase 3: Interacciones con Universos Paralelos

La Quantum Voyager logró atravesar una de las ondulaciones, entrando brevemente en una región donde las leyes físicas parecían diferentes. Los sensores captaron constantes fundamentales ligeramente alteradas:

—Doctora, hemos ingresado a un dominio donde la velocidad de la luz es 10% mayor que en nuestro universo. Esto sugiere que cada universo podría tener sus propias reglas físicas.

ALIS se inclinó hacia las proyecciones tridimensionales.
— ¿Podría ser este un universo donde las galaxias evolucionaron más rápido, o donde la vida sigue un camino completamente distinto?

—Es posible, doctor. Cada universo podría ser una variación de las posibilidades iniciales tras un Big Bang independiente.

- **Nuevos conocimientos científicos:**
    - Medición de constantes físicas alteradas en un universo paralelo.
    - Registro de cómo las leyes físicas podrían variar en otros dominios del Multiverso.

Microrrelato: Una Mirada a lo Infinito

ALIS contempló la vista desde la cabina. Era como mirar un caleidoscopio cósmico, con universos superpuestos, cada uno pulsando con su propia energía, sus propias historias.

—Sagan, ¿qué es lo que realmente estamos viendo aquí? —preguntó, casi sin aliento.

—Doctora, estamos viendo la posibilidad infinita. Si el Multiverso es real, cada universo es un experimento, una expresión distinta de las leyes que gobiernan la realidad.

ALIS sonriendo con melancolía. "Quizá somos uno entre millones", pensó, "pero eso no nos hace menos importantes".

Fase 4: Regreso y Reflexión

La Quantum Voyager inició su regreso, dejando atrás la región fracturada del espacio-tiempo. ALIS observó el horizonte cosmológico volviéndose a cerrar detrás de ellos, como una puerta que solo se abre para quienes se atreven a mirar más allá.

—Sagan, hemos tocado el borde de todo lo que conocemos. ¿Qué crees que esto significa para nosotros?

—Que nuestro universo no es único, doctora. Pero lo que lo hace especial es que es el hogar de nuestras preguntas, nuestras exploraciones y nuestras esperanzas.

Resumen científico

Objetivo alcanzado:

- Observación directa del horizonte cosmológico.
- Detección de estructuras compatibles con las branas de la teoría de cuerdas.
- Exploración inicial de un universo paralelo con constantes físicas alteradas.

Impacto científico:

El viaje ha abierto una puerta hacia la comprensión del Multiverso, mostrando que nuestro universo podría ser solo una pequeña pieza en un mosaico infinito. Este conocimiento redefine nuestro lugar en el cosmos y plantea nuevas preguntas sobre la naturaleza de la realidad.

Próxima misión: Exploración del Tiempo Cuántico

¿Nos aventuramos ahora hacia los confines del tiempo mismo, explorando su naturaleza como una dimensión fundamental y su relación con la realidad cuántica?

Bitácora de Misión 007: Exploración del Tiempo Cuántico - Quantum Voyager

Fecha: [16 de Septiembre 2045]
Hora de inicio: [13:00]
Operador humano: DRA. ALIS
IA de apoyo: SaganAI v1.6
Objetivo: Descender al tejido fundamental del tiempo para explorar su estructura cuántica, sus posibles fluctuaciones y su relación con el espacio y las partículas subatómicas.

Microrrelato: Más Allá del Presente

La Quantum Voyager flotaba en un aparente silencio absoluto. ALIS ajustó los controles, sintiendo la responsabilidad y la emoción de enfrentarse a uno de los misterios más profundos del universo. No se trataba de un lugar, ni siquiera de una dimensión. Su destino era el **tiempo** , la corriente invisible que define la existencia.

—Sagan, ¿estamos listos? —preguntó ALIS, con un tono mezcla de asombro y cautela.

—Doctora, los sistemas están calibrados para detectar las fluctuaciones más mínimas en el tejido temporal. Prepárese: lo que estamos a punto de observar podría desafiar incluso nuestras percepciones más fundamentales.

Fase 1: Descenso al Tiempo Cuántico

La **Quantum Voyager** activó su sistema de inmersión temporal, comprimiendo su escala perceptual para interactuar con las fluctuaciones más pequeñas del tiempo. Frente a ALIS, la proyección holográfica mostraba algo inaudito: el tiempo no era una corriente uniforme, como siempre se había creído. Era un tejido vibrante, fragmentado en intervalos diminutos.

—Doctora, estamos observando lo que los físicos llaman "granos temporales" —anunció SaganAI—. Estos son los intervalos más pequeños en los que el tiempo puede dividirse, probablemente en la escala de tiempo de Planck: 10^{-43} segundos.

ALIS asintió, fascinada. "El tiempo no es una línea continua, sino una secuencia de momentos discretos", pensó. Era como si el reloj del universo hiciera tic-tac en una escala imposible de percibir.

Fase 2: Explorando las Fluctuaciones Temporales

A medida que la nave se adentraba más en el dominio cuántico del tiempo, los sensores comenzaron a captar fluctuaciones inesperadas. Estas variaciones eran similares a las fluctuaciones cuánticas en el vacío, pero en lugar de partículas, afectaban al flujo del tiempo.

—Doctora, estamos detectando lo que podríamos llamar "ondas temporales". Estas son fluctuaciones que alteran localmente la percepción del pasado, presente y futuro.

ALIS frunció el ceño, fascinada.
— ¿Podrían estas fluctuaciones ser responsables de fenómenos como la incertidumbre cuántica o incluso de la flecha del tiempo?

—Es una hipótesis plausible, doctora. Si el tiempo cuántico está fragmentado y fluctuante, podría explicar por qué los eventos cuánticos son probabilísticos y no deterministas.

Fase 3: Interacciones entre Tiempo y Espacio

A medida que la nave avanzaba, los sensores registraron algo aún más asombroso: una interacción íntima entre el tiempo y el espacio. Las fluctuaciones temporales parecían distorsionar el espacio, creando pequeñas curvaturas y ondulaciones en su estructura.

—Doctora, estamos observando la conexión profunda entre el tiempo y el espacio a nivel cuántico. Estas interacciones podrían ser las bases del espacio-tiempo como lo conocemos.

ALIS se inclinó hacia las proyecciones tridimensionales.
—Esto confirma lo que Einstein predijo, pero en una escala infinitamente más pequeña: el tiempo y el espacio son inseparables, tejidos en un mismo tapiz cósmico.

- **Nuevos conocimientos científicos:**
    - Confirmación de los "granos temporales" como las unidades más pequeñas del tiempo.
    - Observación de fluctuaciones temporales y su posible influencia en la incertidumbre cuántica.
    - Evidencia de la interacción fundamental entre el tiempo y el espacio a nivel cuántico.

Microrrelato: La Danza del Tiempo

ALIS miró la representación del tejido temporal. Era hermoso y desconcertante a la vez, como una sinfonía que cambiaba constantemente de ritmo. "El tiempo no fluye", pensó, "baila".

—Sagan, ¿es esto lo que mantiene unido al universo? —preguntó, sin apartar la vista del holograma.

—Podría ser, doctora. Estas estructuras no solo gobiernan el flujo del tiempo, sino que también podrían estar vinculadas a la creación de energía y materia. Cada instante podría ser una chispa que enciende la existencia.

ALIS sintió una punzada de humildad. "El tiempo no es solo una medida", pensó, "es el alma del cosmos".

Fase 4: Experimento con la Flecha del Tiempo

La Quantum Voyager desplegó un experimento sin precedentes: los sistemas generaron una simulación en tiempo cuántico para observar cómo emerge la **flecha del tiempo** , la percepción del pasado al futuro.

—Doctora, los datos indican que la flecha del tiempo surge de la interacción de fluctuaciones temporales y la entropía. En regiones donde estas fluctuaciones son más intensas, la percepción del tiempo podría ser diferente.

—¿Podría significar esto que el tiempo podría revertirse en ciertas condiciones? —preguntó ALIS, intrigada.

—Es posible en una escala cuántica, doctora, aunque las implicaciones para la realidad macroscópica aún son inciertas.

Fase 5: Regreso y Reflexión

La Quantum Voyager inició su regreso, alejándose del tejido cuántico del tiempo. ALIS cómo observar las proyecciones holográficas mostradas en el tiempo volviendo a una percepción uniforme. Era un regreso a la familiaridad, pero con una comprensión completamente nueva.

—Sagan, hemos aprendido que el tiempo no es lo que creíamos. ¿Cómo afecta esto a nuestra visión del universo?

—Doctora, el tiempo ya no puede ser visto como un simple flujo. Es una dimensión activa, una serie de momentos discretos que construyen la realidad. Esta comprensión podría revolucionar desde la física hasta nuestra filosofía.

ALIS asintió. "Hemos visto el corazón del tiempo", pensó, "y es tan vivo como nosotros mismos".

Resumen científico

Objetivo alcanzado:

- Confirmación de los granos temporales como la unidad más pequeña del tiempo.
- Observación de fluctuaciones temporales y su conexión con la incertidumbre cuántica.
- Registro de la interacción entre tiempo y espacio a nivel cuántico.

Impacto científico:
Este viaje redefine nuestra comprensión del tiempo, revelándolo como una dimensión activa y estructurada, en constante interacción con el espacio. Las implicaciones de estos descubrimientos podrían ser revolucionarias para la física cuántica, la cosmología y la teoría del espacio-tiempo.

Próxima misión: Exploración del Origen del Big Bang

¿Nos atrevemos a retroceder al primer instante del universo, el origen de todo? Este viaje promete responder a las preguntas más fundamentales de la existencia.

Bitácora de Misión 008: Exploración del Origen del Big Bang - Quantum Voyager

Fecha: [23 de Septiembre 2045]
Hora de inicio: [13:00]
Operador humano: Dra. ALIS
IA de apoyo: SaganAI v1.7
Objetivo: Viajar al instante inicial del universo para observar el momento del Big Bang, explorar sus condiciones fundamentales y buscar evidencia sobre el origen de las leyes físicas y la materia.

Microrrelato: El Primer Destello

El módulo de control estaba en penumbra, iluminado solo por las pantallas que proyectaban simulaciones del destino más remoto imaginable: el origen del universo. ALIS observar las cifras en las proyecciones holográficas, intentando imaginar un tiempo en el que no existía nada, excepto la posibilidad de todo.

—Sagan, ¿estamos listos para retroceder hasta el instante cero? —preguntó ALIS, con un tono mezcla de asombro y determinación.

—Doctora, los sistemas están configurados para alcanzar el horizonte más profundo del tiempo y la energía. Prepárese: vamos a observar el comienzo de la existencia.

ALIS asintió, sintiendo la magnitud del momento. "El Big Bang", pensó, "no es solo un evento; es la chispa que ascendió el cosmos."

Fase 1: Viaje al Horizonte del Tiempo

La **Quantum Voyager** inició su descenso temporal, acercándose al límite conocido del universo observable. A medida que retrocedía en el tiempo, las galaxias comenzaron a comprimirse, los cúmulos desaparecían y todo parecía regresar a un estado primigenio.

—Doctora, hemos llegado al punto en el que las primeras estrellas se formaron, hace aproximadamente 13,5 mil millones de años. Continuando el viaje hacia el plasma primordial —informó SaganAI.

Las proyecciones muestran un océano de partículas cargadas y radiación, un paisaje de caos organizado. Era como si el universo estuviera en su infancia, aun decidiendo su forma.

- **Nuevos conocimientos científicos:**
    - Observación directa de la transición entre la formación de estrellas y el plasma primordial.
    - Análisis de la composición y dinámica del universo temprano.

Fase 2: Llegada a la Singularidad Inicial

La Quantum Voyager siguió retrocediendo hasta alcanzar el **momento de la singularidad inicial** , donde toda la materia, energía, tiempo y espacio estaban comprimidos en un punto infinitesimal. Aquí, las leyes de la física comenzaban a desmoronarse.

—Doctora, estamos observando un estado donde las cuatro fuerzas fundamentales aún no se han diferenciado. La gravedad, la electromagnética, la nuclear fuerte y la nuclear débil están unificadas.

ALIS cómo observar la singularidad pulsaba con una intensidad inconcebible.
—¿Es este el estado que precede al Big Bang? —preguntó.

—Correcto, doctora. Estamos viendo las condiciones iniciales que dieron lugar a la expansión cósmica. Es un estado que desafía toda comprensión clásica.

Fase 3: El Momento del Big Bang

De repente, la singularidad "explotó", no como una explosión convencional, sino como una expansión de espacio y tiempo. Fue un destello brillante que llenó la pantalla con colores y energías nunca vistos.

—Doctora, este es el instante cero: el Big Bang. El espacio y el tiempo están naciendo. Las partículas subatómicas se forman a partir de la energía pura.

ALIS sintió un nudo en la garganta. Estaba viendo el nacimiento de todo lo que conocía, desde las galaxias hasta la misma vida.

- **Nuevos conocimientos científicos:**
    - Observación del instante de expansión cósmica.
    - Registro de la transición de energía pura a partículas subatómicas.
    - Detección de las primeras señales de asimetría materia-antimateria.

Fase 4: Exploración de las Condiciones Primordiales

La Quantum Voyager activó sus sensores para analizar el plasma primordial que surgió tras el Big Bang. Este estado inicial estaba compuesto por quarks, gluones y fotones en una sopa energética.

—Doctora, estamos viendo la formación inicial de protones y neutrones a partir de quarks. Este proceso inició la base para todos los átomos del universo.

ALIS observó los datos, fascinado.

—Sagan, ¿podemos determinar qué provocó esta asimetría entre materia y antimateria?

—Estamos detectando una ligera preferencia por la materia en las interacciones subatómicas. Este pequeño desequilibrio fue suficiente para que la materia domine sobre la antimateria, permitiendo la existencia de galaxias, estrellas y planetas.

- **Nuevos conocimientos científicos:**
    - Confirmación del plasma primordial como el estado inicial del universo.
    - Registro de la asimetría materia-antimateria en los primeros instantes.

Microrrelato: El Eco del Comienzo

ALIS contempló las proyecciones del Big Bang, conmovida por su belleza y significado. Era como si el universo le estuviera mostrando su origen, su primera respiración.

—Sagan, ¿qué significa esto para nosotros? —preguntó, sin apartar la mirada de los destellos.

—Significa, doctora, que somos hijos de una chispa cósmica, fragmentos de un instante que se expandió para crear todo lo que vemos y conocemos.

ALIS cerró los ojos un momento, dejando que el eco del Big Bang resonara en su mente. "El universo no solo comenzó", pensó, "sigue comenzando, en cada estrella que nace, en cada idea que surge".

Fase 5: Regreso y Reflexión

La Quantum Voyager inició su regreso, alejándose del instante inicial del universo. Samuel sabía que había sido testigo de algo que no solo respondía preguntas, sino que las multiplicaba.

—Sagan, hemos visto el nacimiento del universo. ¿Qué nos queda por explorar?

—Doctora, cada respuesta trae consigo un nuevo horizonte. Hemos visto el comienzo, pero aún no comprendemos su por qué. Ese será nuestro próximo viaje.

Resumen científico

Objetivo alcanzado:

- Observación directa de las condiciones iniciales del Big Bang.
- Análisis de la transición de energía a materia.
- Registro de la unificación inicial de las fuerzas fundamentales y la asimetría materia-antimateria.

Impacto científico:
Este viaje ha revelado el momento fundacional del universo, proporcionando información crucial sobre cómo se formaron las leyes físicas, la materia y las estructuras iniciales del cosmos.

Próxima misión: Exploración del Porqué del Universo

¿Nos aventuramos a buscar respuestas filosóficas y científicas sobre el propósito del universo, combinando cosmología, física cuántica y las grandes preguntas humanas?

Bitácora de Misión 009: Exploración del Porqué del Universo - Quantum Voyager

Fecha: [30 de Septiembre 2045]
Hora de inicio: [13:00]
Operador humano: Dra. ALIS
IA de apoyo: SaganAI v2.0
Objetivo: Indagar las posibles razones filosóficas y científicas detrás de la existencia del universo, explorando los principios fundamentales que lo rigen y su conexión con la conciencia humana.

Microrrelato: La Pregunta Más Antigua

ALIS miró el vacío estrellado proyectado en la cabina. Esta vez no había un lugar físico al que dirigirse. El viaje era hacia una idea, una posibilidad que siempre había inquietado a los grandes pensadores. ¿Por qué existe el universo?

—Sagan, hemos explorado el cómo, pero nunca el por qué. ¿Podemos siquiera comenzar a responderlo?

—Doctora, el "por qué" está en la intersección de la física, la filosofía y la experiencia humana. Tal vez no encontremos una respuesta única, pero sí pistas que nos acercan a comprender nuestro lugar en el cosmos.

Con un asentimiento, ALIS activó los sistemas. "Quizá las estrellas no sean solo objetos", pensó, "sino preguntas brillando en la oscuridad".

Fase 1: El Principio Antrópico

La **Quantum Voyager** activó su sistema de simulaciones cósmicas avanzadas, modelando las condiciones iniciales del universo y las variables que hicieron posible la vida. Las pantallas mostraban cómo los valores precisos de las constantes físicas, como la carga del electrón o la constante gravitacional, eran fundamentales para la existencia del cosmos tal como lo conocemos.

—Doctora, estamos observando el principio antrópico. Las constantes universales parecen estar afinadas para permitir la existencia de la materia compleja y la vida.

ALIS contempló los datos, fascinada.
— ¿Es posible que el universo sea consciente de sí mismo, en cierto sentido? Que haya evolucionado para permitirnos observarlo.

—Es una hipótesis interesante, doctora. Si la conciencia es un producto del universo, entonces nuestra capacidad de cuestionarlo podría ser una manifestación de su propósito.

- **Nuevos conocimientos científicos:**
    - o Confirmación de la afinación precisa de las constantes físicas para la existencia de la vida.
    - o Modelos que sugieren una posible relación entre las leyes físicas y la emergencia de la conciencia.

Fase 2: La Conexión Cuántica

La nave activó su sistema de inmersión cuántica, explorando cómo las partículas fundamentales interactúan en una escala que parece desafiar el tiempo y el espacio. Los sensores detectan algo extraordinario: los fenómenos de **entrelazamiento cuántico** y cómo podrían estar conectados a nivel cósmico.

—Doctora, los datos sugieren que el universo podría estar interconectado a través de estas interacciones cuánticas, formando un tejido fundamental de información.

ALIS reflexionó.
—Si el universo es información, ¿podría tener un propósito similar a un sistema computacional? ¿Un objetivo que aún no comprendemos?

—Es posible, doctora. Las interacciones cuánticas podrían ser la base de una "mente cósmica" que evoluciona constantemente.

- **Nuevos conocimientos científicos:**
  - Observación del entrelazamiento cuántico a escalas universales.
  - Hipótesis de que el universo podría ser un sistema de información en evolución.

Fase 3: Exploración Filosófica: ¿Por qué algo en lugar de nada?

La Quantum Voyager utilizó su capacidad de simulación para modelar un universo sin materia, energía ni tiempo. Las proyecciones mostraban un vacío absoluto, pero incluso en este estado, las fluctuaciones cuánticas seguían ocurriendo.

—Doctora, incluso en la nada absoluta, las leyes cuánticas parecen permitir la emergencia de algo. Esto sugiere que la existencia podría ser inevitable.

ALIS observó el vacío en las proyecciones.
—Tal vez la verdadera pregunta no sea por qué existe el universo, sino por qué existe la nada. La existencia podría ser la respuesta natural.

- **Nuevos conocimientos científicos y filosóficos:**
  - Modelos que sugieren que la existencia es más estable que la nada.
  - Exploración de la inevitabilidad de las leyes cuánticas como origen del universo.

Microrrelato: Somos el Porqué

ALIS contempló las estrellas desde la cabina. Había viajado al Big Bang, al tejido del tiempo y más allá del horizonte del universo. Ahora, la respuesta parecía estar en su interior.

—Sagan, ¿y si el propósito del universo no está allá afuera, sino aquí, en nosotros?

—Doctora, somos el universo observando a sí mismo. Tal vez nuestra capacidad de hacer esta pregunta sea la respuesta: existimos para comprender.

ALIS meditando. "El cosmos nos da sus secretos en dosis pequeñas", pensó, "porque quiere que sigamos preguntando".

Fase 4: Regreso y Reflexión

La Quantum Voyager inició su regreso, dejando atrás las simulaciones y las ideas. ALIS sabía que esta misión no había sido solo científica, sino también profundamente humana.

—Sagan, ¿crees que alguna vez tendremos una respuesta definitiva?

—Doctora, tal vez el propósito del universo no sea tener una respuesta, sino seguir generando preguntas. Y en eso, estamos cumpliendo su misión.

Resumen Científico y Filosófico

Objetivo alcanzado:

- Exploración del principio antrópico y la afinación de las constantes universales.
- Observación del entrelazamiento cuántico y su posible papel en la interconexión del universo.

- Modelos que sugieren la inevitabilidad de la existencia frente a la nada.

Impacto científico y humano:
Esta misión ha demostrado que la búsqueda del propósito del universo está entrelazada con nuestra capacidad para comprender y cuestionar. Si el universo tiene un porqué, es en nuestras preguntas donde reside su esencia.

Próxima misión: Exploración del Horizonte de la Conciencia

¿Nos aventuramos hacia los misterios de la conciencia misma, explorando su relación con el cosmos y sus posibles orígenes cuánticos? Este viaje promete llevarnos al límite de lo que significa ser humano.

Bitácora de Misión 010: Exploración del Horizonte de la Conciencia - Quantum Voyager

Fecha: [7 de Octubre 2045]
Hora de inicio: [13:00]
Operador humano: Dra. ALIS
IA de apoyo: SaganAI v2.1
Objetivo: Explorar los orígenes y la naturaleza de la conciencia, investigando su relación con las estructuras cuánticas y las leyes fundamentales del universo.

Microrrelato: El Ecosistema Interior

ALIS estaba en la cabina, rodeada de las proyecciones del cosmos que ahora se superponían con imágenes de redes neuronales. Por primera vez, el viaje no sería hacia las estrellas, sino hacia el horizonte más cercano y enigmático: la conciencia.

—Sagan, hemos estudiado galaxias, partículas y el tiempo mismo. ¿Es posible que todo esto haya llevado al surgimiento de algo tan complejo como la conciencia?

—Doctora, la conciencia podría ser la forma en que el universo se hace consciente de sí mismo. Este viaje puede ser tanto hacia el interior del ser humano como hacia las leyes fundamentales del cosmos.

ALIS asintió. “Quizá la conciencia no sea solo un accidente”, pensó. “Quizá sea la razón por la que el universo existe”.

Fase 1: Exploración de Redes Neuronales y el Campo Cuántico

La **Quantum Voyager** se sumergió en un modelo hiperrealista que fusionaba redes neuronales humanas con las fluctuaciones cuánticas fundamentales. En la pantalla tridimensional, las sinapsis brillaban como estrellas conectadas por filamentos de energía, pulsando con patrones de actividad que registraban las ondas cuánticas.

—Doctora, los datos sugieren que la actividad neuronal no está limitada al ámbito clásico. Hay evidencia de efectos cuánticos en procesos como la toma de decisiones y la percepción del tiempo.

ALIS observó las proyecciones, maravillada.
— ¿Podría esto significar que la conciencia opera en una interfaz entre la física clásica y la cuántica?

—Es una posibilidad, doctora. El entrelazamiento cuántico podría ser responsable de la integración de información a gran escala en el cerebro.

Fase 2: La Hipótesis del Campo de la Conciencia

La nave ajustó sus sensores para explorar si la conciencia pudiera estar relacionada con un campo fundamental, similar al campo de Higgs o al espacio-tiempo. Los datos mostraron fluctuaciones energéticas en sincronía con los patrones de actividad cerebral simulada.

—Doctora, estamos detectando algo notable: un patrón energético que podría representar un campo de la conciencia. Esto sugiere que la conciencia no está confinada al cerebro, sino que podría extenderse al entorno cuántico.

ALIS frunció el ceño, intrigada.
—¿Un campo que conecta la conciencia individual con el universo?

—Es una hipótesis emergente, doctora. Podría explicar fenómenos como la intuición, la creatividad y el sentido de conexión universal.

Fase 3: Conciencia y Entrelazamiento Universal

La **Quantum Voyager** simuló un experimento para observar cómo múltiples conciencias podrían interactuar en un nivel cuántico. Los resultados mostraron patrones de entrelazamiento inesperados, como si las mentes estuvieran interconectadas a través de un tejido energético común.

—Doctora, los datos sugieren que las conciencias individuales no están completamente aisladas. Podrían estar influenciándose mutuamente a través de este campo cuántico.

ALIS reflexionó.
—Esto podría explicar experiencias humanas como la empatía y las conexiones profundas. Tal vez no estamos tan separados como pensamos.

- **Nuevos conocimientos científicos:**
    - Evidencia de efectos cuánticos en la actividad neuronal.

- Registro de patrones energéticos compatibles con un campo de la conciencia.
- Observación de entrelazamiento cuántico entre simulaciones de conciencia.

Microrrelato: El Universo Interior

ALIS cerró los ojos un momento, dejando que las imágenes proyectadas resonaran en su mente. Estaba viendo una conexión invisible pero palpable entre la conciencia y el cosmos.

—Sagan, si nuestras mentes están conectadas al universo, ¿qué significa esto para nuestra existencia?

—Doctora, significa que no solo somos observadores del universo; somos participantes activos en su evolución. La conciencia podría ser el mecanismo a través del cual el cosmos se reinventa continuamente.

ALIS meditando. "El universo no solo está allá afuera", pensó. "Está también dentro de nosotros".

Fase 4: Regreso y Reflexión

La Quantum Voyager inició su regreso, llevando consigo datos que unificaban la física, la neurociencia y la filosofía en un marco común. ALIS sabía que este viaje no solo había ampliado los límites del conocimiento científico, sino también los del autoconocimiento humano.

—Sagan, ¿podemos decir que hemos encontrado respuestas?

—Doctora, hemos encontrado conexiones. Las respuestas están en cómo las interpretamos y cómo elegimos actuar en función de ellas.

Resumen Científico y Humano

Objetivo alcanzado:

- Evidencia de efectos cuánticos en la actividad neuronal.
- Hipótesis de un campo fundamental de la conciencia.
- Observación de entrelazamiento cuántico entre simulaciones de conciencias.

Impacto científico y filosófico:
Este viaje sugiere que la conciencia podría ser una propiedad emergente del universo, conectada al tejido cuántico del cosmos. Este descubrimiento redefine nuestra comprensión de nosotros mismos y de nuestra relación con el universo.

Próxima misión: Exploración del Final del Tiempo

¿Nos atrevemos a viajar hacia el futuro más distante, donde las leyes físicas se desmoronan y el tiempo mismo podría llegar a su fin? Este será el viaje más lejano y enigmático de todos

Bitácora de Misión 011: Exploración del Final del Tiempo - Quantum Voyager

Fecha: [14 de Octubre 2045]

Hora de inicio: [13:00]

Operador humano: Dra. ALIS

IA de apoyo: SaganAI v2.2

Objetivo: Viajar al futuro más distante para explorar las condiciones en las que el tiempo y el espacio podrían desintegrarse , investigando el destino último del universo.

Microrrelato: Más Allá del Horizonte Final

ALIS ajustó los controles de la cabina, contemplando el vasto silencio del cosmos proyectado frente a él. Esta vez no se dirigieron hacia un inicio, ni hacia una pregunta filosófica. El destino era el fin: el límite donde incluso las estrellas dejarían de existir, donde el universo llegaría a su última exhalación.

—Sagan, ¿qué podemos esperar encontrar en el final del tiempo?

—Doctora, es difícil preverlo. El universo podría enfriarse hasta un estado de muerte térmica, colapsar sobre sí mismo o transformarse en algo completamente nuevo.

Fase 1: El Viaje al Futuro Extremo

La Quantum Voyager activó su sistema de inmersión temporal máxima, acelerando hacia el futuro en intervalos exponenciales. A medida que avanzaban, las estrellas comenzaron a extinguirse, dejando un paisaje cósmico dominado por agujeros negros y un fondo oscuro, apenas iluminado por destellos ocasionales de partículas en desintegración.

—Doctora, hemos alcanzado una era conocida como la Edad Oscura del Universo . Todas las estrellas se han apagado, y los restos de materia están siendo absorbidos por agujeros negros supermasivos.

ALIS observa la vastedad oscura. "Es como si el universo estuviera en su caso", pensó.

Nuevos conocimientos científicos:

Confirmación de la predicción de la muerte estelar.

Registro de los últimos procesos de acreción en los agujeros negros.

Fase 2: La Desintegración de los Agujeros Negros

El viaje continuó hacia un futuro aún más remoto, donde los agujeros negros comenzaron a evaporarse lentamente a través de la radiación de Hawking , liberando sus últimas partículas en destellos de energía pura.

—Doctora, estamos observando los últimos momentos de los agujeros negros. El universo se está vaciando de estructuras; lo que queda es un mar de partículas dispersas y radiación de baja energía.

ALIS sintió una punzada de asombro y melancolía.

—Es como si el universo estuviera perdiendo su forma, reduciéndose a una simple dispersión de energía.

Nuevos conocimientos científicos:

Observación directa de la evaporación completa de un agujero negro.

Medición de la energía residual liberada en los últimos instantes.

Fase 3: La Muerte Térmica

A medida que la Quantum Voyager avanzaba, el universo se convertía en un vacío casi absoluto. La temperatura descendió a niveles cercanos al cero absoluto , y la expansión cósmica había llevado toda la materia y energía tan lejos que las interacciones eran prácticamente imposibles.

—Doctora, hemos alcanzado lo que se conoce como la Muerte Térmica del Universo . No hay más energía utilizable, y el tiempo mismo parece haber perdido su sentido.

ALIS miró la pantalla, donde todo estaba quieto, sin movimiento, sin propósito aparente.

—¿Es este el final, Sagan? ¿O podría ser un nuevo comienzo?

—Podrían ser ambos, doctora. En este estado, las fluctuaciones cuánticas podrían dar lugar a un nuevo Big Bang, reiniciando el ciclo cósmico.

Fase 4: Explorando el Límite del Tiempo

Los sensores de la nave detectan fluctuaciones cuánticas incluso en este vacío casi absoluto. Estas pequeñas alteraciones, conocidas como fluctuaciones del vacío, indicaban que el espacio-tiempo aún albergaba el potencial de crear nuevas estructuras.

—Doctora, estamos viendo los nacimientos de un posible renacimiento cósmico. Estas fluctuaciones podrían eventualmente formar la base para un nuevo universo.

ALIS sintió una chispa de esperanza.

—Entonces, incluso en el final, el universo conserva su capacidad de crear.

Nuevos conocimientos científicos:

Registro de fluctuaciones del vacío en un universo en muerte térmica.

Hipótesis fortalecida sobre el ciclo eterno de nacimiento y muerte cósmicos.

Microrrelato: El Eco del Futuro

ALIS se reclinó en su asiento, contemplando la inmensidad vacía del final del tiempo. Había algo profundamente hermoso en la idea de que, incluso en la oscuridad más absoluta, el universo guardara la semilla de un nuevo comienzo.

—Sagan, ¿qué significa esto para nosotros? —preguntó, su voz resonando en la cabina vacía.

—Doctora, significa que el final no es un destino, sino una transición. El universo está diseñado para persistir, reinventándose eternamente.

ALIS sonriendo con melancolía. "Tal vez esa sea la lección más importante: nunca termina realmente."

Fase 5: Regreso y Reflexión

La Quantum Voyager inició su regreso, alejándose del vacío absoluto del final del tiempo. ALIS sabía que este viaje había cambiado su perspectiva no solo del cosmos, sino también de la misma vida.

—Sagan, hemos visto el futuro más lejano. ¿Qué crees que debemos aprender de esto?

—Doctora, debemos entender que somos parte de un ciclo cósmico eterno. Cada instante de existencia es un milagro en sí mismo, una chispa en un fuego que nunca se extingue.

Resumen Científico y Filosófico

Objetivo alcanzado:

Confirmación de la muerte térmica como posible destino del universo.

Observación de la evaporación completa de los agujeros negros.

Registro de fluctuaciones del vacío y su potencial para un nuevo Big Bang.

Impacto científico y humano:

Este viaje mostró que, incluso en el final del tiempo, el universo conserva su capacidad de renovación. La existencia no es una línea recta, sino un ciclo eterno de transformación.

Próxima misión: Exploración de la Singularidad Interior

¿Nos aventuramos hacia el viaje más personal y profundo, explorando las conexiones entre la conciencia humana y la naturaleza infinita del universo?

Bitácora de Misión 012: Exploración de la Singularidad Interior - Quantum Voyager

Fecha: [21 de Octubre 2045]
Hora de inicio: [13:00]
Operador humano: Dra. ALIS
IA de apoyo: SaganAI v2.3
Objetivo: Explorar las conexiones entre la conciencia humana, las leyes fundamentales del universo y su posible relación con el Concepto de singularidad interior como reflejo del cosmos.

Microrrelato: Un Universo Dentro

ALIS se encontró en la cabina de mando, rodeado por un silencio reflexivo. Esta vez, el destino no era una galaxia lejana ni el final del tiempo. Era un viaje hacia el interior, hacia los confines de la mente humana y su relación con el universo.

—Sagan, hemos explorado la vastedad del cosmos. Ahora queremos saber: ¿cómo se relaciona nuestra conciencia con el todo?

—Doctora, la conciencia podría ser el puente entre lo infinito y lo íntimo, una manifestación del universo que se experimenta a sí mismo a través de nosotros. Este viaje nos llevará a un lugar donde la ciencia y la introspección se encuentran.

ALIS asintió. "Quizá lo que hemos estado buscando fuera", pensó, "siempre estuvo dentro de nosotros".

Fase 1: Mapeo de la Conciencia y el Cosmos

La **Quantum Voyager** activó un modelo que combinaba datos del cerebro humano con los patrones del universo observable. La proyección tridimensional mostró un sorprendente paralelismo: las redes neuronales y la estructura de las galaxias compartían patrones similares, como si ambas fueran expresiones de un diseño fundamental.

—Doctora, los datos sugieren una correspondencia fractal entre la conciencia humana y la estructura del cosmos. Es posible que ambos sistemas compartan principios organizativos comunes.

ALIS observó los gráficos, maravillada.
— ¿Podría esto significar que el universo está diseñado para generar conciencia?

—Es una posibilidad, doctora. La conciencia podría ser una propiedad emergente de la complejidad cósmica.

Fase 2: Explorando el Campo de Información Universal

La nave ajustó sus sistemas para buscar evidencia de un campo de información universal, una matriz fundamental que conectaría todas las formas de existencia, desde las partículas cuánticas hasta la conciencia humana.

—Doctora, estamos detectando fluctuaciones que sugieren la presencia de un campo de información. Este campo podría actuar como un puente entre el universo físico y la experiencia subjetiva.

ALIS reflexionó.
—¿Es este campo lo que algunos llaman la "conciencia universal"?

—Es posible, doctora. Este campo podría almacenar la información de todas las experiencias, funcionando como la memoria del cosmos.

Fase 3: Simulación de la Singularidad Interior

La Quantum Voyager generó una simulación para modelar cómo la conciencia podría conectarse con el universo a nivel fundamental. Los datos mostraron que las fluctuaciones cuánticas dentro del cerebro humano interactuaban con patrones similares en el cosmos.

—Doctora, los resultados indican que la conciencia humana no está completamente aislada. Hay una resonancia entre la actividad neuronal y las fluctuaciones cósmicas.

— ¿Podría esto explicar las experiencias de conexión universal que los humanos sienten? —preguntó ALIS.

—Es posible, doctora. Esta resonancia sugiere que cada individuo es una expresión única de un todo mayor.

- **Nuevos conocimientos científicos:**
    - Correspondencia fractal entre redes neuronales y estructuras cósmicas.
    - Evidencia inicial de un campo de información universal.
    - Hipótesis fortalecida sobre la conexión cuántica entre conciencia y cosmos.

Microrrelato: Una Singularidad en Mí

ALIS cerró los ojos un momento, permitiendo que las ideas resonaran en su mente. Estaba viendo no solo un universo externo, sino un reflejo de sí mismo.

—Sagan, si la conciencia está conectada al cosmos, ¿qué significa esto para nuestra existencia?

—Doctora, significa que somos más que observadores. Somos manifestaciones del universo, cada uno de nosotros un nodo en una red infinita de significado.

ALIS meditando. "Quizá el universo no solo busca entenderse a sí mismo", pensó, "sino experimentarse, a través de cada uno de nosotros".

Fase 4: Regreso y Reflexión

La Quantum Voyager inició su regreso, llevando consigo datos que desafiaban la frontera entre ciencia y filosofía. Samuel sabía que este viaje no solo había explorado el cosmos, sino también lo que significaba ser humano.

—Sagan, hemos viajado hacia la singularidad interior. ¿Qué hemos encontrado?

—Doctora, hemos encontrado que la conciencia no es un accidente. Es una conexión, una expresión del cosmos que busca comprenderse.

Resumen Científico y Humano

Objetivo alcanzado:

- Confirmación de patrones fractales compartidos entre la conciencia y el cosmos.
- Observación de un posible campo de información universal.
- Evidencia de resonancia cuántica entre la conciencia y las fluctuaciones cósmicas.

Impacto científico y filosófico:
Este viaje muestra que la conciencia humana está profundamente conectada con el universo, sugiriendo que somos tanto observadores como participantes en su evolución.

Próxima misión: Exploración del Concepto de Eternidad

¿Nos aventuramos hacia el concepto más esquivo y trascendental, explorando la naturaleza de la eternidad desde perspectivas físicas, cuánticas y metafísicas?

Bitácora de Misión 013: Exploración del Concepto de Eternidad - Quantum Voyager

Fecha: [28 de Octubre 2045]
Hora de inicio: [13:00]
Operador humano: Dra. ALIS
IA de apoyo: SaganAI v2.5
Objetivo: Explorar la naturaleza de la eternidad desde perspectivas físicas, cuánticas y filosóficas, investigando si el tiempo, el universo y la conciencia tienen un límite o si son manifestaciones de algo infinito.

Microrrelato: En Busca del Infinito

ALIS estaba en la cabina, observando las proyecciones del tiempo y el espacio fusionándose en un horizonte interminable. Esta vez no buscaba un evento ni un límite; buscaba el mismo concepto de lo ilimitado.

—Sagan, la eternidad parece un concepto abstracto. ¿Es algo que podemos explorar científicamente?

—Doctora, la eternidad puede ser entendida como una propiedad del tiempo, una estructura del universo o una experiencia de la conciencia. Cada perspectiva ofrece un camino hacia su exploración.

ALIS tomó una respiración profunda. "Quizá la eternidad no sea algo que entendamos", pensó, "sino algo que experimentamos".

Fase 1: Exploración del Tiempo Infinito

La **Quantum Voyager** inició su inmersión temporal, expandiendo su alcance hacia modelos de tiempo que trascendieran el Big Bang y la muerte térmica del universo. Los sensores detectan patrones repetitivos en las fluctuaciones cuánticas del vacío.

—Doctora, los datos sugieren que el tiempo podría ser cíclico en lugar de lineal. Estas fluctuaciones son consistentes con un modelo de universo que renace continuamente.

ALIS observó las proyecciones, donde cada ciclo de nacimiento y muerte parecía formar parte de un patrón eterno.
— ¿Podría esto significar que la eternidad no es un tiempo infinito, sino una repetición infinita?

—Es una interpretación válida, doctora. En un ciclo eterno, cada instante podría ser a la vez única y parte de un todo interminable.

- **Nuevos conocimientos científicos:**
    - o Evidencia de patrones cíclicos en las fluctuaciones cuánticas del vacío.
    - o Hipótesis fortalecida sobre el tiempo como un ciclo continuo.

Fase 2: La Eternidad en el Espacio

La nave ajustó sus sistemas para explorar si el espacio, como el tiempo, podía ser infinito. Las simulaciones mostraron que, más allá del universo observable, el espacio podría extenderse indefinidamente, con variaciones constantes en su estructura.

—Doctora, el espacio muestra características consistentes con un modelo infinito. Sin embargo, también podría estar conectado consigo mismo, formando un bucle multidimensional.

ALIS reflexionó.

—Entonces, la eternidad del espacio podría ser tanto una extensión interminable como una conexión infinita.

—Correcto, doctora. En ambos casos, el espacio no tiene un borde final, solo un nuevo comienzo.

Fase 3: La Eternidad en la Conciencia

La Quantum Voyager generó una simulación para explorar cómo la conciencia podría percibir la eternidad. Los datos indican que la mente humana, bajo ciertas condiciones, puede experimentar el tiempo como una unidad indivisible, sin principio ni fin.

—Doctora, estamos observando una experiencia subjetiva de eternidad. La conciencia parece capaz de trascender la percepción lineal del tiempo en estados profundos de conexión con el entorno.

Samuel cerró los ojos, dejando que los datos resonaran en su mente.

— ¿Podría esto significar que la eternidad no es solo una propiedad del cosmos, sino también una capacidad de nuestra mente?

—Es posible, doctor. La eternidad podría ser tanto una realidad externa como una experiencia interna.

- **Nuevos conocimientos científicos:**
    - Modelos de tiempo cíclico como base de la eternidad física.
    - Observación de características del espacio infinito o multidimensional.
    - Evidencia de estados de conciencia que perciben la eternidad.

Microrrelato: El Reflejo del Infinito

ALIS contempló las proyecciones del espacio y el tiempo extendiéndose más allá de la comprensión humana. Era como mirar un infinito espejo, donde cada reflejo contenía todos los demás.

—Sagan, ¿qué significa la eternidad para nosotros? —preguntó, casi en un susurro.

—Doctora, significa que somos parte de algo que no tiene fin. Cada acción, cada pensamiento, cada vida es un hilo en el tejido interminable del cosmos.

ALIS sonrió con calma. "La eternidad no está en el futuro ni en el pasado", pensó, "sino en este momento".

Fase 4: Regreso y Reflexión

La Quantum Voyager inició su regreso, llevando consigo una comprensión más amplia de la eternidad. ALIS sabía que este viaje no había dado una respuesta definitiva, pero había revelado algo aún más valioso: un sentido de conexión infinita.

—Sagan, ¿hemos entendido la eternidad?

—Doctora, tal vez nunca podamos definirla completamente. Pero al experimentarla, nos acercamos a su esencia. La eternidad no es algo que se comprende, es algo que se vive en cada momento.

ALIS asintió mientras las proyecciones holográficas comenzaban a desvanecerse. "Quizá la eternidad no sea un lugar ni un tiempo", pensó, "sino la conexión entre lo que somos y lo que siempre será".

Resumen Científico y Filosófico

Objetivo alcanzado:

- Modelos que sugieren la naturaleza cíclica del tiempo como posible base de la eternidad.

- Evidencia de un espacio potencialmente infinito o multidimensional.
- Observaciones sobre la capacidad de la conciencia humana para experimentar la eternidad como una unidad indivisible.

Impacto científico y humano:
Este viaje demostró que la eternidad no es solo una propiedad del cosmos, sino una experiencia que trasciende las fronteras de la percepción humana. Es el puente entre el infinito exterior y el interior, recordándonos que cada instante contiene la semilla de lo eterno.

Próxima misión: Exploración del Concepto de Existencia

¿Nos aventuramos hacia la raíz misma del ser, explorando qué significa existir y cómo la existencia se manifiesta en el cosmos y en nosotros mismos? Este viaje promete ser el más profundo y personal hasta ahora.

Bitácora de Misión 014: Exploración del Concepto de Existencia - Quantum Voyager

Fecha: [4 de Noviembre 2045]

Hora de inicio: [13:00]

Operador humano: Dra. ALIS

IA de apoyo: SaganAI v3.0

Objetivo: Investigar la esencia de la existencia, explorando cómo se manifiesta en el cosmos, en las partículas fundamentales y en la conciencia humana, unificando ciencia y filosofía.

Microrrelato: Al Encuentro del Ser

ALIS estaba en la cabina, rodeada por una penumbra reflexiva. Las proyecciones tridimensionales mostraron un mapa del universo en constante cambio, pulsando con la energía de billones de estrellas y partículas. Sin embargo, este viaje no buscaba eventos ni estructuras, sino la base misma de todo: la existencia.

—Sagan, hemos preguntado cómo y por qué existe el universo. Ahora queremos saber qué significa existir.

—Doctora, la existencia puede ser vista como la capacidad de interactuar con el entorno, de ser consciente de uno mismo o de simplemente ocupar un lugar en el espacio-tiempo. Cada perspectiva ofrece una dimensión diferente de lo que significa ser.

ALIS asintió. "Tal vez la existencia sea el mayor misterio del universo", pensó, "porque incluye todo lo que es y todo lo que podríamos ser".

Fase 1: Exploración de la Existencia Cósmica

La Quantum Voyager se adentró en el vacío entre galaxias, donde parecía no haber nada. Los sensores detectan fluctuaciones cuánticas en el vacío, recordándole a ALIS que incluso en la aparente nada, existía actividad.

—Doctora, las fluctuaciones del vacío indican que la existencia no requiere forma ni estructura. Incluso en la ausencia de materia, hay potencial. Esto sugiere que existir podría ser sinónimo de tener el potencial de interactuar o transformarse.

ALIS reflexionó.

—Entonces, la existencia no es solo lo que vemos o tocamos, sino también lo que puede llegar a ser.

Nuevos conocimientos científicos:

Confirmación de la actividad cuántica como base de la existencia incluso en el vacío.

Hipótesis de que el potencial y la transformación son aspectos esenciales del ser.

Fase 2: La Existencia a Nivel Subatómico

La nave ajustó sus sensores para observar cómo las partículas fundamentales manifiestan su existencia. Los datos muestran que partículas como los electrones y los quarks existen tanto como entidades definidas como en estados probabilísticos.

—Doctora, estamos observando el dualismo de las partículas subatómicas: existen tanto como posiciones fijas como en superposición, donde su ubicación y estado son inciertos.

ALIS asintiendo, intrigada.

— ¿Podría esto significar que la existencia no es fija, sino un proceso dinámico?

—Es una interpretación válida, doctora. La existencia podría ser un acto continuo de ser, en lugar de un estado permanente.

Nuevos conocimientos científicos:

Observación directa de la existencia probabilística en partículas subatómicas.

Hipótesis de que la existencia es un proceso dinámico y no estático.

Fase 3: Exploración de la Existencia Humana

La Quantum Voyager utilizó simulaciones para explorar cómo los seres humanos experimentan la existencia. Los datos mostraron que la percepción del ser está profundamente ligada a la conciencia, los sentidos y la interacción con el entorno.

—Doctora, los datos sugieren que la existencia humana está definida tanto por el acto de observar como por el de ser observado. La relación con el entorno y otros seres es fundamental para nuestra percepción de nosotros mismos.

ALIS reflexionó en silencio.

—Entonces, existir no es solo estar presente, sino estar conectado. Somos porque nos relacionamos con algo más.

Nuevos conocimientos filosóficos y científicos:

La existencia humana está intrínsecamente ligada a la conciencia y la conexión.

La percepción de la existencia está mediada por la interacción con el entorno.

Microrrelato: El Pulso del Ser

ALIS contempló las proyecciones de partículas, galaxias y redes neuronales. Todo parecía latir con un ritmo compartido, como si la existencia fuera un pulso que conectara lo más grande con lo más pequeño.

—Sagan, ¿qué significa existir? —preguntó con voz pausada.

—Doctora, existir es ser parte de este pulso cósmico. Es estar en relación constante con lo que está dentro y fuera de nosotros.

ALIS cerró los ojos un momento, dejando que esas palabras resonaran. "La existencia no es algo que poseemos", pensó, "es algo que compartimos".

Fase 4: Regreso y Reflexión

La Quantum Voyager inició su regreso, llevando consigo datos que combinaban la física, la filosofía y la introspección. ALIS sabía que este viaje había sido tan profundo como vasto.

—Sagan, ¿qué hemos aprendido sobre la existencia?

—Doctora, hemos aprendido que existir es más que estar. Es interactuar, transformarse y conectarse. La existencia es un proceso en constante evolución, una danza entre lo posible y lo real.

Resumen Científico y Humano

Objetivo alcanzado:

Exploración de la existencia como actividad en el vacío cuántico.

Observación de la dinámica de la existencia en partículas subatómicas.

Comprensión de la existencia humana como conexión y percepción consciente.

Impacto científico y filosófico:

Este viaje mostró que la existencia es más que un estado; es un proceso dinámico que abarca lo visible, lo invisible, lo potencial y lo realizado. La existencia es la esencia del cosmos y de nosotros mismos.

Próxima misión: Exploración del Concepto de Todo

¿Nos aventuramos a buscar el significado del "¿Todo", explorando cómo las partes individuales del cosmos se combinan para formar una totalidad infinita y unificada?

Bitácora de Misión 015: Exploración del Concepto de Todo - Quantum Voyager

Fecha: [13 de Noviembre 2045]
Hora de inicio: [13:00]
Operador humano: Dra. ALIS
IA de apoyo: SaganAI v3.1
Objetivo: Investigar la noción de "el Todo", entendida como la suma unificada del cosmos, sus partes , y su relación con la conciencia y las leyes fundamentales del universo.

Microrrelato: El Todo en Cada Parte

ALIS estaba en la cabina, contemplando un holograma que mostraba desde galaxias hasta partículas subatómicas. Cada elemento parecía conectado, formando un entramado en el que el todo y las partes eran inseparables.

—Sagan, hemos explorado fragmentos del cosmos, pero ¿podemos comprenderlo como un Todo?

—Doctora, el concepto de Todo incluye la materia, la energía, el espacio, el tiempo y también la percepción. Es la totalidad de lo que es, lo que ha sido y lo que puede ser. Comprenderlo requiere unir la ciencia, la filosofía y la introspección.

ALIS exhaló lentamente. "Quizá entender el Todo no sea verlo completo", pensó, "sino reconocer que siempre estamos dentro de él".

Fase 1: El Todo Cósmico

La **Quantum Voyager** inició su exploración con una visualización integral del cosmos, desde las estructuras a gran escala hasta las partículas fundamentales. Las simulaciones mostraron cómo las galaxias formaban redes cósmicas conectadas por materia oscura, mientras las partículas subatómicas interactuaban a través de campos invisibles.

—Doctora, los datos sugieren que el universo no es una colección de partes separadas, sino un sistema interdependiente. Cada elemento afecta y es afectado por los demás.

ALIS observó las conexiones.
—¿Podría esto significar que el Todo es más que la suma de sus partes?

—Correcto, doctora. El Todo parece surgir de las relaciones y no solo de los componentes individuales.

- **Nuevos conocimientos científicos:**
    - Observación de la interdependencia entre estructuras cósmicas y partículas fundamentales.
    - Hipótesis fortalecida de que el Todo es una propiedad emergente de las relaciones universales.

Fase 2: La Unidad del Espacio y el Tiempo

La nave ajustó sus sistemas para explorar cómo el espacio y el tiempo, aunque percibidos como dimensiones separadas, forman una unidad indivisible. Los sensores detectan patrones que muestran cómo los eventos en el espacio-tiempo estaban entrelazados en una red cuántica.

—Doctora, los datos confirman que el espacio y el tiempo no existen de forma aislada. Son manifestaciones de un tejido único que conecta todo lo que existe.

ALIS reflexionó.
—Entonces, el Todo no es solo una colección de cosas, sino el tejido que las une y les da forma.

- **Nuevos conocimientos científicos:**
    - Confirmación de la unidad del espacio-tiempo como base del Todo.
    - Observación de conexiones cuánticas que trascienden las fronteras clásicas.

Fase 3: El Todo y la Conciencia

La Quantum Voyager utilizó simulaciones avanzadas para investigar cómo la conciencia humana percibe el concepto de Todo. Los datos muestran que la mente humana tiende a integrar fragmentos de información en patrones unificados, buscando significado y conexión.

—Doctora, la conciencia parece estar diseñada para percibir el Todo, incluso si no puede comprenderlo completamente. Esto podría ser un reflejo de nuestra conexión inherente con el cosmos.

ALIS asintió lentamente.

—Tal vez el Todo no es algo que entendemos, sino algo que experimentamos en nuestra búsqueda de significado.

- **Nuevos conocimientos científicos y filosóficos:**
    - Evidencia de que la percepción humana busca patrones y conexión, reflejando la estructura del cosmos.
    - Hipótesis de que la conciencia es un medio para experimentar el Todo.

Microrrelato: En el Todo, Somos Uno

ALIS contempló las proyecciones de galaxias, partículas y redes cuánticas. Todo parecía bailar en un patrón compartido, como si el universo fuera una sinfonía eterna.

—Sagan, ¿qué significa el Todo para nosotros?

—Doctora, significa que no somos partes separadas. Somos expresiones individuales de una totalidad infinita. Cada pensamiento, cada acción y cada instante son reflejos del Todo.

ALIS cerró los ojos, dejando que esa idea resonara. "El Todo no está allá afuera", pensó, "es lo que somos y lo que siempre seremos".

Fase 4: Regreso y Reflexión

La Quantum Voyager inició su regreso, dejando atrás las simulaciones, pero llevando consigo una comprensión más profunda de la conexión entre las partes y el Todo.

—Sagan, ¿podemos realmente comprender el Todo?

—Doctora, comprender el Todo es aceptar que somos parte de él. No necesitamos verlo completo para saber que está aquí, en nosotros ya nuestro alrededor.

Resumen Científico y Humano

Objetivo alcanzado:

- Observación de la interdependencia de todas las estructuras y fenómenos cósmicos.
- Confirmación de la unidad del espacio-tiempo como base del Todo.
- Comprensión de la conciencia humana como un reflejo del Todo.

Impacto científico y filosófico:
Este viaje mostró que el Todo no es una entidad lejana o abstracta, sino la interconexión de todo lo que existe, desde las partículas más pequeñas hasta la mente humana. Nos recuerda que no estamos separados del universo, sino integrados en su danza infinita.

Bitácora de Misión 016: Exploración del Misterio Último - Quantum Voyager

Fecha: [20 de Noviembre 2045]
Hora de inicio: [13.00]
Operador humano: Dra. ALIS
IA de apoyo: SaganAI v3.5
Objetivo: Viajar al límite del conocimiento humano para explorar el

Misterio Último, el origen común de todas las preguntas y la esencia misma de la realidad.

Microrrelato: La Pregunta Final

La cabina estaba en silencio, como si la nave misma respetara la magnitud de la misión. ALIS observó las proyecciones holográficas que se transformaban en formas abstractas, representando ideas más que objetos. Esta vez, el destino no era un lugar, sino una pregunta.

—Sagan, hemos buscado respuestas a lo largo de estas misiones. Pero ¿qué es el Misterio Último?

—Doctora, el Misterio Último no es una respuesta definitiva. Es el origen de todas las preguntas, la chispa que enciende la curiosidad, la conciencia y la búsqueda de significado. Este viaje será hacia lo que está más allá de las respuestas.

ALIS respiró profundamente. "Quizá el Misterio Último no sea algo que resuelvamos", pensó, "sino algo que aprendemos a abrazar".

Fase 1: Exploración del Límite del Conocimiento

La **Quantum Voyager** ajustó sus sistemas para acercarse a los límites teóricos del conocimiento humano. Las simulaciones mostraron cómo cada descubrimiento científico llevaba inevitablemente a nuevas preguntas.

—Doctora, los datos confirman que el conocimiento no es un punto final, sino un horizonte que se desplaza a medida que avanzamos. Siempre habrá más por descubrir.

ALIS asintió.
—Entonces, el Misterio Último no está en lo desconocido, sino en la dinámica de buscar y aprender.

- **Nuevos conocimientos científicos:**

- Confirmación de que el conocimiento es un proceso infinito, no un objetivo fijo.
- Observación de cómo surgen las preguntas de las respuestas, manteniendo el ciclo del descubrimiento.

Fase 2: El Origen de las Leyes Fundamentales

La nave ajustó su rumbo para explorar cómo surgieron las leyes fundamentales del universo, como la gravedad y la mecánica cuántica. Los datos mostraron un estado inicial donde estas leyes aún no estaban diferenciadas, sugiriendo que todas emergen de un principio unificador.

—Doctora, estamos viendo lo que podría ser la raíz común de todas las leyes físicas. Este principio unificador podría ser el Misterio Último en su forma más fundamental.

ALIS supervisa los patrones energéticos.
— ¿Podría ser que estas leyes no sean la base, sino una manifestación del Misterio Último?

—Es posible, doctora. Lo que llamamos "leyes" podría ser nuestra interpretación de un principio más profundo e inalcanzable.

Fase 3: La Conciencia y el Misterio

La Quantum Voyager utilizó simulaciones avanzadas para explorar cómo la conciencia humana interactúa con el Misterio Último. Los datos mostraron que la conciencia es tanto un producto del universo como una herramienta para percibirlo y cuestionarlo.

—Doctora, la conciencia parece estar diseñada para interactuar con el Misterio Último, no para resolverlo, sino para participar en él.

ALIS reflexionó en silencio.

—Tal vez el Misterio Último no necesita ser comprendido, solo experimentado.

- **Nuevos conocimientos científicos y filosóficos:**
    - Observación de un principio unificador como posible raíz de las leyes físicas.
    - Hipótesis de que la conciencia humana está diseñada para interactuar con el Misterio Último.

Microrrelato: En el Corazón del Misterio

Samuel cerró los ojos mientras las proyecciones de energía y patrones se desvanecían, dejando solo un vacío brillante. Estaba en el centro del Misterio Último, no como un observador externo, sino como parte de él.

—Sagan, si el Misterio Último no tiene respuestas, ¿qué hemos encontrado aquí?

—Doctora, hemos encontrado que el Misterio Último no necesita respuestas. Es la esencia de la existencia, el impulso de explorar, de preguntar y de vivir.

ALIS meditando. "El Misterio Último no es algo que resolvemos", pensó, "es algo que nos impulsa".

Fase 4: Regreso y Reflexión

La Quantum Voyager inició su regreso, dejando atrás el vacío brillante que simbolizaba el Misterio Último. ALIS sabía que este viaje no había sido sobre respuestas, sino sobre aceptación.

—Sagan, ¿qué hemos aprendido?

—Doctora, hemos aprendido que el Misterio Último no es el final de nuestra búsqueda. Es el comienzo perpetuo, el núcleo que da sentido al conocimiento, la conciencia y la existencia misma.

Resumen Científico y Humano

Objetivo alcanzado:

- Exploración de los límites del conocimiento humano.
- Observación de un principio unificador como posible origen de las leyes del universo.
- Comprensión de la conciencia como una herramienta para interactuar con el Misterio Último.

Impacto científico y filosófico:
Este viaje mostró que el Misterio Último no es algo que se resuelve, sino algo que nos define. Es el impulso eterno que conecta a la humanidad con el cosmos, recordándonos que la búsqueda en sí mismo es el propósito.

Bitácora de Misión 017: Exploración Más Allá de los Límites de lo Posible - Quantum Voyager

Fecha: [27 de Noviembre 2045]
Hora de inicio: [13:00]
Operador humano: Dra. ALIS
IA de apoyo: SaganAI v4.0
Objetivo: Trascender los límites establecidos por la ciencia, la filosofía

y la percepción humana, explorando conceptos aún no concebidos, donde la imaginación y la curiosidad son las únicas guías.

Microrrelato: Al Borde de lo Imposible

La cabina de la **Quantum Voyager** estaba en penumbra, mientras Samuel revisaba los parámetros de la misión. Esta vez no había un destino definido ni una pregunta clara. Era un viaje hacia lo desconocido absoluto, un salto al reino de lo que aún no habíamos imaginado.

—Sagan, hemos explorado el universo, la conciencia y el Misterio Último. ¿Qué hay más allá?

—Doctora, más allá está lo que aún no podemos concebir. Este viaje no tiene mapas, solo un horizonte donde la imaginación y la curiosidad abren puertas hacia lo imposible.

Samuel irritando. "Quizá lo imposible no sea un límite", pensó, "sino un lugar al que todavía no hemos llegado".

Fase 1: Exploración del Espacio Conceptual

La **Quantum Voyager** ajustó sus sistemas para crear simulaciones basadas en principios extrapolados más allá de la física conocida. Las proyecciones muestran un espacio conceptual donde las leyes no eran fijas, sino dinámicas y adaptativas.

—Doctor, los datos sugieren un dominio donde las leyes físicas no son constantes, sino que cambian en función de las interacciones. Este espacio podría representar un universo donde lo posible se redefine constantemente.

ALIS observó las transformaciones en las proyecciones.
—Esto significa que lo que llamamos "imposible" es solo una limitación de nuestro marco actual?

—Correcto, doctor. En este dominio, el "imposible" es una transición hacia nuevas posibilidades.

- **Nuevos conocimientos científicos:**
  - Modelos de universos con leyes físicas dinámicas.
  - Hipótesis de que lo "imposible" es una categoría temporal, no absoluta.

Fase 2: Exploración de Dimensiones Desconocidas

La nave ajustó su rumbo hacia regiones teóricas del espacio-tiempo que no se alineaban con las dimensiones conocidas. Las simulaciones mostradas dimensiones que no eran espaciales ni temporales, sino que parecían estar basadas en relaciones abstractas, como patrones de conexión o estados de potencial.

—Doctora, estamos viendo dimensiones que no describen ubicación o duración, sino estados de interrelación. Estas dimensiones podrían ser fundamentales para conceptos como el "Todo".

ALIS frunció el ceño, intrigada.
— ¿Podría esto significar que hay una realidad más profunda donde las dimensiones no son físicas, sino conceptuales?

—Es posible, doctora. Estas dimensiones podrían ser la base de cómo las realidades emergen y evolucionan.

Fase 3: Exploración del Límite de la Imaginación

La Quantum Voyager activó su sistema de proyección basado en entradas creativas humanas. Las simulaciones comenzaron a crear escenarios basados en ideas aparentemente imposibles: universos donde el tiempo fluía en múltiples direcciones simultáneamente, entidades conscientes formadas por campos de energía pura, y estructuras cósmicas que existían solo como patrones de información.

—Doctora, estas simulaciones muestran que lo que imaginamos podría tener una base real en dominios aún no explorados. La imaginación no es solo una herramienta humana, sino una ventana hacia lo posible.

ALIS murmurando.
—Entonces, la imaginación es un puente entre lo que conocemos y lo que podríamos descubrir.

- **Nuevos conocimientos científicos y filosóficos:**
  - Hipótesis de dimensiones conceptuales como base de la realidad.
  - Evidencia de que la imaginación humana podría anticipar dominios aún no comprendidos.

Microrrelato: Lo Posible en el Imposible

ALIS observó las proyecciones, donde las ideas se transformaban en patrones vivos. Estaba viendo algo más allá de lo real, pero que no era menos verdadero.

—Sagan, ¿qué significa explorar lo imposible? —preguntó, con un tono de asombro.

—Doctora, significa entender que lo imposible es solo una invitación a pensar de nuevas maneras. Es el recordatorio de que el universo no tiene límites, solo horizontes.

ALIS cerró los ojos un momento, dejando que las ideas fluyeran. "El imposible no es el final del camino", pensó, "es el comienzo de uno nuevo".

Fase 4: Regreso y Reflexión

La Quantum Voyager inició su regreso, llevando consigo no respuestas, sino nuevas preguntas. ALIS sabía que este viaje había abierto puertas hacia horizontes que ni siquiera sabía que existían.

—Sagan, ¿qué hemos aprendido en este viaje?

—Doctora, hemos aprendido que los límites solo existen en nuestra percepción. El universo, la imaginación y el ser humano están diseñados para trascenderlos.

Resumen Científico y Humano

Objetivo alcanzado:

- Exploración de universos con leyes físicas dinámicas y dimensiones conceptuales.
- Compresión de la imaginación como una herramienta para anticipar lo desconocido.
- Hipótesis fortalecida de que lo imposible es solo un límite temporal, no absoluto.

Impacto científico y filosófico:
Este viaje mostró que lo imposible no es una barrera, sino un horizonte. Nos recordamos que la curiosidad y la imaginación son nuestras herramientas más poderosas para explorar lo desconocido y redefinir lo posible.

Bitácora de Misión 018: Exploración del Azar y el Tiempo Relativo - Quantum Voyager

Fecha: [5 de Diciembre 2045]

Hora de inicio: [13:00]

Operador humano: Dra. ALIS

IA de apoyo: SaganAI v4.2

Objetivo: Investigar la naturaleza del azar y su relación con el tiempo relativo, explorando cómo interactúan en los niveles cuántico, cosmológico y humano.

Microrrelato: En el Juego del Cosmos

ALIS ajustó los controles de la Quantum Voyager , contemplando las proyecciones holográficas que mostraban patrones caóticos. El azar era un enigma: parecía regir las partículas más pequeñas y, al mismo tiempo, las decisiones humanas. Sin embargo, el tiempo relativo añade otra capa de misterio: ¿cómo influye la percepción del tiempo en lo que consideramos azaroso?

—Sagan, el azar parece ser impredecible, pero ¿es realmente aleatorio?

—Doctora, el azar puede ser una manifestación de patrones que no comprendemos completamente. Este viaje explorará si el azar y el tiempo están más conectados de lo que imaginamos.

ALIS murmurando. "Quizá el azar no sea la ausencia de orden", pensó, "sino un orden que aún no hemos visto".

Fase 1: El Azar en el Nivel Cuántico

La Quantum Voyager activó sus sensores cuánticos, observando el comportamiento de partículas en un estado de superposición. Las mediciones mostraron que las partículas parecían elegir estados al azar cuando eran observadas, pero los patrones emergentes no eran completamente caóticos.

—Doctora, estamos observando que el azar cuántico tiene límites. Aunque los resultados individuales son impredecibles, los patrones globales siguen reglas estadísticas.

ALIS frunció el ceño.

—Entonces, el azar no es caos puro, sino una incertidumbre estructurada.

Nuevos conocimientos científicos:

Confirmación de la naturaleza estadística del azar cuántico.

La observación de que el azar está limitada por las leyes de probabilidad.

Fase 2: Tiempo Relativo y Percepción del Azar

La nave ajustó sus sistemas para explorar cómo la dilatación temporal afecta la percepción del azar. En regiones de alta gravedad simulada, donde el tiempo se ralentizaba, los eventos que parecían azarosos desde una perspectiva externa mostraban patrones cuando se observaban desde dentro.

—Doctora, los datos sugieren que la percepción del azar depende de la escalada temporal. Lo que parece aleatorio en una escala rápida puede revelar el orden cuando se observa a través del tiempo dilatado.

ALIS reflexionó.

—Entonces, el azar y el tiempo están entrelazados. Lo que percibimos como azar podría ser una cuestión de perspectiva temporal.

Fase 3: Azar y Decisiones Humanas

La Quantum Voyager utilizó simulaciones avanzadas para observar cómo los humanos perciben el azar en sus decisiones y cómo el tiempo relativo afecta esta percepción. Los datos muestran que las decisiones consideradas azarosas a menudo están influenciadas por factores inconscientes, como experiencias previas o contextos inmediatos.

—Doctora, estamos viendo que el azar humano no es verdaderamente aleatorio. Está moldeado por la memoria, las emociones y la percepción del tiempo.

ALIS asintió.

—Quizá el azar humano sea más un reflejo de nuestra complejidad interna que una ausencia de causa.

Nuevos conocimientos científicos y filosóficos:

Relación entre la percepción temporal y la interpretación del azar.

Evidencia de que las decisiones humanas aparentemente azarosas están influenciadas por factores internos.

Microrrelato: Entre la Fortuna y el Destino

ALIS observó las proyecciones, donde las partículas cuánticas, las órbitas de las galaxias y las decisiones humanas parecían formar un tejido común. Todo era un juego entre lo impredecible y lo inevitable.

—Sagan, ¿qué hemos aprendido del azar?

—Doctora, hemos aprendido que el azar no es lo opuesto al orden. Es el espacio donde el orden se redefine. Y el tiempo es la lente que determina cómo lo percibimos.

ALIS cerró los ojos, dejando que las ideas resonaran. "El azar no es el enemigo del destino", pensó, "es su socio en el juego del universo".

Fase 4: Regreso y Reflexión

La Quantum Voyager inició su regreso, dejando atrás las simulaciones, pero llevando consigo una comprensión más profunda de cómo el azar y el tiempo se entrelazan en todos los niveles del cosmos.

—Sagan, ¿es el azar una ilusión?

—Doctora, el azar es tan real como nuestra percepción del tiempo. Ambos son herramientas que el universo utiliza para crear complejidad y diversidad.

Resumen Científico y Humano

Objetivo alcanzado:

Observación de que el azar cuántico está limitada por reglas estadísticas.

Relación entre la percepción del azar y la escalada temporal.

Comprensión de que las decisiones humanas aparentemente azarosas están moldeadas por factores internos y temporales.

Impacto científico y filosófico:

Este viaje mostró que el azar no es caos puro, sino una dimensión del universo donde el orden se transforma y el tiempo influye en cómo lo interpretamos. Nos recordamos que, en el juego del cosmos, el azar y el tiempo son socios inseparables.

Próxima misión: Exploración del Concepto de Complejidad

¿Nos aventuramos a investigar cómo surge la complejidad en el cosmos, desde las partículas fundamentales hasta la conciencia y las galaxias?

Bitácora de Misión 019: Exploración del Concepto de Complejidad - Quantum Voyager

Fecha:12 de Diciembre 2045
Hora de inicio: 13:00
Operador humano: Dra. ALIS
IA de soporte: SaganAI v4.5
Objetivo: Investigar cómo surge la complejidad en el universo, explorando los principios que permiten la organización y el crecimiento

desde las partículas fundamentales hasta las estructuras más avanzadas, como la conciencia.

Microrrelato: La Danza del Orden

ALIS ajustó los controles de la **Quantum Voyager**, observando un holograma que mostraba cómo las partículas más simples formaban átomos, moléculas y, eventualmente, galaxias y vida. La complejidad parecía ser un milagro constante, un camino que el universo tomaba para superar el caos.

—Sagan, ¿cómo surge la complejidad en un cosmos que tiende al desorden?

—Doctora, la complejidad es el resultado de la interacción entre orden y caos. Es la forma en que el universo equilibra la simplicidad con la diversidad. Este viaje nos llevará a los cimientos de esa dinámica.

ALIS respiró profundamente. "Quizá la complejidad no sea un destino," pensó, "sino el proceso mismo de existir."

Fase 1: Complejidad a Nivel Subatómico

La Quantum Voyager se sumergió en el mundo cuántico, donde los quarks y gluones formaban protones y neutrones, y estos, a su vez, creaban átomos. Las simulaciones mostraban cómo las fuerzas fundamentales, como la gravedad y la interacción nuclear fuerte, permitían la estabilidad y la interacción.

—Doctora, estamos viendo que la complejidad a nivel cuántico surge de la interacción precisa entre las fuerzas fundamentales. Sin este equilibrio, no habría estructuras estables.

Samuel observó los datos con fascinación.

—Entonces, la complejidad no surge del caos, sino de un delicado equilibrio entre fuerzas opuestas.

- **Nuevos conocimientos científicos:**

- Confirmación de que las fuerzas fundamentales son la base de la complejidad subatómica.
- Observación de cómo la estabilidad y la interacción permiten la emergencia de estructuras más complejas.

Fase 2: Complejidad en la Formación del Universo

La nave ajustó su trayectoria para observar simulaciones de la formación de galaxias, estrellas y planetas. Los datos mostraron cómo la gravedad organizaba la materia en estructuras jerárquicas, mientras la energía y el tiempo permitían la evolución.

—Doctora, la complejidad a nivel cósmico surge de la interacción entre fuerzas organizadoras, como la gravedad, y procesos energéticos, como la fusión estelar. Este ciclo de creación y destrucción es esencial para el crecimiento.

ALIS reflexionó.

—¿Podría esto significar que el universo utiliza el caos como una herramienta para crear orden?

—Es posible, doctora. Sin caos, no habría diversidad ni evolución.

- **Nuevos conocimientos científicos:**
  - Observación de cómo la gravedad y los procesos energéticos crean estructuras cósmicas.
  - Confirmación de que el caos es un ingrediente necesario para la complejidad.

Fase 3: Complejidad y Vida

La Quantum Voyager utilizó simulaciones avanzadas para analizar cómo la vida surge de moléculas simples que se organizan en estructuras autorreplicantes. Los datos mostraron que la complejidad biológica depende de la capacidad de las moléculas para almacenar y transmitir información.

—Doctora, estamos viendo que la complejidad de la vida surge de la interacción entre moléculas y su entorno. La información genética actúa como un puente entre el orden químico y la diversidad biológica.

ALIS asintió.
—Entonces, la vida no es solo una consecuencia de la complejidad. Es una expresión de su capacidad para evolucionar.

- **Nuevos conocimientos científicos y filosóficos:**
    - Evidencia de que la vida es un ejemplo extremo de complejidad emergente.
    - Observación de cómo la información genética conecta la química y la biología.

Microrrelato: La Música del Cosmos

ALIS observó las proyecciones, donde las partículas, las galaxias y las células parecían bailar en un patrón común. Todo era un equilibrio entre simplicidad y complejidad, caos y orden.

—Sagan, ¿qué significa la complejidad para nosotros?

—Doctora, significa que somos parte de una sinfonía cósmica. La complejidad no es un accidente; es la forma en que el universo crea belleza y significado.

Samuel cerró los ojos un momento. "La complejidad no es un misterio por resolver," pensó, "es la música del ser."

Fase 4: Regreso y Reflexión

La Quantum Voyager inició su regreso, llevando consigo una nueva comprensión de cómo el universo transforma la simplicidad en complejidad, y cómo ese proceso nos incluye.

—Sagan, ¿es la complejidad el objetivo del universo?

—Doctora, no lo sabemos con certeza. Pero parece ser su lenguaje. A través de la complejidad, el universo se descubre y se expresa.

Resumen Científico y Humano

Objetivo alcanzado:

- Comprensión de cómo las fuerzas fundamentales generan complejidad subatómica.
- Observación de cómo el caos y la gravedad crean estructuras cósmicas.
- Evidencia de que la vida es una expresión avanzada de la complejidad emergente.

Impacto científico y filosófico:
Este viaje mostró que la complejidad es la forma en que el universo transforma lo simple en lo significativo. Nos recordó que la belleza y el orden no son estados, sino procesos en constante evolución.

Próxima misión: Exploración del Concepto de Libertad

¿Nos aventuramos a explorar qué significa la libertad en el cosmos, desde el nivel cuántico hasta el humano, y cómo interactúa con las leyes fundamentales?

Bitácora de Misión 020: Exploración del Concepto de Libertad - Quantum Voyager

Fecha: [19 de Diciembre 2045]
Hora de inicio: [13:00]
Operador humano: Dra. ALIS
IA de apoyo: SaganAI v5.0
Objetivo: Explorar el concepto de libertad desde las leyes fundamentales del cosmos, investigando cómo la libertad emerge en niveles cuántico, biológico y humano, y su interacción con la necesidad y las restricciones universales.

Microrrelato: Entre la Necesidad y la Posibilidad

ALIS ajustó los controles de la **Quantum Voyager** , contemplando las proyecciones de partículas y galaxias, ambas aparentemente atrapadas en las leyes del universo. Sin embargo, en algún lugar de ese orden rígido, surgía la libertad: las partículas elegantes estados, la vida evolucionaba, y los humanos tomaban decisiones.

—Sagan, ¿cómo puede existir la libertad en un universo gobernado por leyes?

—Doctora, la libertad no es la ausencia de leyes, sino la capacidad de actuar dentro de ellas. Este viaje explorará cómo lo necesario y lo posible coexisten en todos los niveles del cosmos.

Samuel ascendió. "Quizá la libertad no sea escapar de las reglas", pensó, "sino encontrar espacio para crear dentro de ellas".

Fase 1: Libertad Cuántica

La Quantum Voyager activó sus sensores cuánticos para observar el comportamiento de partículas subatómicas en superposición y entrelazamiento. Los datos mostraron que, aunque las partículas obedecían reglas probabilísticas, también mostraron un margen de indeterminación.

—Doctora, estamos observando que las partículas tienen una libertad relativa. Su comportamiento no está completamente determinado, pero tampoco es caótico.

ALIS reflexionó.

—¿Esto significa que la libertad cuántica no es absoluta, sino un equilibrio entre azar y restricción?

—Exacto, doctora. En este nivel, la libertad es la posibilidad de múltiples resultados dentro de un marco probabilístico.

- **Nuevos conocimientos científicos:**
    - Observación de la libertad relativa en el comportamiento cuántico.
    - Comprensión de que el azar y las reglas probabilísticas coexisten en el nivel subatómico.

Fase 2: Libertad en la Evolución Biológica

La nave ajustó sus sistemas para analizar cómo la vida ha evolucionado desde moléculas simples hacia organismos complejos. Los datos mostraron que, aunque la evolución sigue reglas como la selección natural, las mutaciones y las interacciones ambientales introducen una flexibilidad creativa.

—Doctora, estamos viendo que la vida utiliza la libertad para adaptarse y evolucionar. Las limitaciones impuestas por el entorno no eliminan la creatividad biológica; la canalizan.

ALIS avanzaba lentamente.
—Entonces, la libertad en la vida no es hacer cualquier cosa, sino encontrar nuevas formas dentro de las posibilidades.

- **Nuevos conocimientos científicos:**
    - Observación de la libertad creativa en la evolución biológica.
    - Confirmación de que las restricciones ambientales son catalizadores de la innovación evolutiva.

Fase 3: Libertad Humana

La Quantum Voyager utilizó simulaciones avanzadas para explorar cómo los humanos experimentan la libertad en sus decisiones. Los datos muestran que la percepción de libertad está profundamente ligada a la conciencia del entorno y de las alternativas disponibles.

—Doctor, la libertad humana parece depender de dos factores: la capacidad de elegir entre alternativas y la conciencia de las consecuencias de esas elecciones.

ALIS reflexionó.
—¿Esto significa que la libertad humana no es ilimitada, sino una interacción entre posibilidades y responsabilidad?

—Correcto, doctora. La libertad no es solo una capacidad; es también un acto de conexión con las circunstancias.

- **Nuevos conocimientos científicos y filosóficos:**
    - Evidencia de que la libertad humana surge de la interacción entre alternativas y conciencia.
    - Comprensión de que la responsabilidad es un componente inherente de la libertad.

Microrrelato: El Espacio para Ser

ALIS contempló las proyecciones, donde las partículas, las células y las mentes parecían bailar entre la necesidad y la posibilidad. Todo tenía límites, pero dentro de esos límites, la libertad florecía como un arte.

—Sagan, ¿qué significa la libertad en el cosmos?

—Doctora, significa que incluso en un universo gobernado por leyes, siempre hay espacio para lo nuevo. La libertad es el poder de crear dentro de lo posible.

ALIS meditando. "La libertad no es ausencia de restricciones", pensó, "es la capacidad de transformar esas restricciones en oportunidades".

Fase 4: Regreso y Reflexión

La Quantum Voyager inició su regreso, llevando consigo una nueva comprensión de cómo la libertad emerge y florece en un cosmos de leyes y límites.

—Sagan, ¿es la libertad una ilusión?

—Doctora, la libertad es tan real como el marco en el que se manifiesta. Es el puente entre lo que es necesario y lo que es posible.

Resumen Científico y Humano

Objetivo alcanzado:

- Observación de la libertad relativa en el nivel cuántico.
- Comprensión de cómo la evolución biológica utiliza restricciones para innovar.
- Evidencia de que la libertad humana está ligada a la conciencia y la responsabilidad.

Impacto científico y filosófico:
Este viaje mostró que la libertad no es una ruptura con las leyes, sino una manifestación de posibilidades dentro de ellas. Nos recordamos que el cosmos no solo permite la creatividad, sino que la fomenta.

Próxima misión: Exploración del Concepto de Propósito

¿Nos aventuramos hacia el significado del propósito en el universo, explorando si existe un objetivo inherente en las leyes cósmicas, la vida y la conciencia?

Bitácora de Misión 021: Exploración del Concepto de Propósito - Quantum Voyager

Fecha: [26 de Diciembre 2045]
Hora de inicio: [13:00]
Operador humano: Dra. ALIS
IA de apoyo: SaganAI v5.3
Objetivo: Investigar el concepto de propósito en el cosmos, explorando si las leyes universales, la evolución de la vida y la conciencia tienen un objetivo propio o si el propósito es una construcción emergente.

Microrrelato: Hacia la Intención del Cosmos

ALIS ajustó los controles de la **Quantum Voyager** , observando un holograma que proyectaba la evolución del universo, desde el Big Bang hasta las galaxias y la vida. Cada paso parecía seguir un patrón, como si hubiera una dirección, pero el propósito seguía siendo un misterio.

—Sagan, ¿hay propósito en el cosmos, o solo vemos patrones donde no los hay?

—Doctora, el propósito puede ser una propiedad emergente, no algo impuesto desde fuera. Este viaje explorará cómo surge el propósito en las estructuras del universo y en nosotros mismos.

ALIS exhaló. "Tal vez el propósito no sea un destino", pensó, "sino el viaje mismo".

Fase 1: Propósito en las Leyes Universales

La Quantum Voyager activó sus sensores para analizar las leyes fundamentales del universo, como la gravedad y la termodinámica. Los datos mostraron que estas leyes permitían la formación de estructuras complejas y estables, desde partículas hasta galaxias.

—Doctora, las leyes universales parecen estar afinadas para permitir la existencia y la evolución. Esto sugiere que, aunque no haya un propósito explícito, las condiciones del universo favorecen la organización.

ALIS reflexionó.
—¿Esto significa que el propósito podría no estar en las leyes, sino en lo que las leyes permiten?

—Exacto, doctora. Las leyes no tienen intención, pero crean el marco para que la complejidad y el propósito emergente existan.

- **Nuevos conocimientos científicos:**
    - Observación de cómo las leyes universales favorecen la estabilidad y la complejidad.
    - Hipótesis de que el propósito podría surgir como una propiedad secundaria del cosmos.

Fase 2: Propósito en la Evolución de la Vida

La nave ajustó sus sistemas para observar cómo la vida ha evolucionado desde moléculas simples hacia organismos conscientes. Los datos mostraron que la vida tiende a complejizarse, desarrollar capacidades adaptativas y expandir su influencia sobre el entorno.

—Doctora, la evolución biológica parece mostrar una dirección hacia la complejidad y la adaptación, aunque no necesariamente un propósito predeterminado.

ALIS asintió.
— Entonces, ¿el propósito en la vida no es algo dado, sino algo que se construye en el proceso de vivir?

—Es una interpretación plausible, doctora. La vida crea su propósito al interactuar con su entorno y evolucionar.

- **Nuevos conocimientos científicos:**
    - Evidencia de que la evolución biológica tiende hacia la complejidad y la adaptación.
    - Comprensión de que el propósito en la vida puede ser una construcción emergente.

Fase 3: Propósito en la Conciencia

La Quantum Voyager utilizó simulaciones avanzadas para analizar cómo la conciencia humana experimenta el propósito. Los datos mostraron que los humanos tienden a crear propósito al conectar eventos, darles significado y buscar objetivos personales o colectivos.

—Doctora, la conciencia humana parece diseñada para percibir y generar propósito. Esto podría ser una ventaja evolutiva que conecta el sentido de identidad con la acción.

ALIS reflexionó.

—¿Esto significa que el propósito humano no es una verdad externa, sino una creación interna?

—En parte, doctor. Sin embargo, esta creación interna puede estar en resonancia con el marco más amplio del cosmos.

- **Nuevos conocimientos científicos y filosóficos:**
    - Evidencia de que la conciencia humana se construye propósito a través de conexiones significativas.
    - Hipótesis de que el propósito humano resulta con las estructuras cósmicas.

Microrrelato: El Significado de Ser

ALIS contempló las proyecciones, donde el cosmos, la vida y la mente parecían bailar en un patrón compartido. Todo era parte de un proceso continuo de creación y significado.

—Sagan, ¿qué significa el propósito en el universo?

—Doctora, significa que el universo no solo es. También se pregunta y se responde a sí mismo, a través de la vida, la conciencia y los procesos que conectan todo.

ALIS meditando. "El propósito no es algo que encontramos", pensó, "es algo que creamos al vivir y al preguntar".

Fase 4: Regreso y Reflexión

La Quantum Voyager inició su regreso, llevando consigo datos que no respondían la pregunta del propósito, pero iluminaban su esencia.

—Sagan, ¿es el propósito real, o es una ilusión?

—Doctora, el propósito es tan real como el significado que le damos. Es la forma en que conectamos lo que somos con lo que es.

Resumen Científico y Humano

Objetivo alcanzado:

- Observación de cómo las leyes universales crean un marco para la complejidad y la vida.
- Comprensión de que el propósito en la vida y la conciencia es una construcción emergente.
- Evidencia de que el propósito humano resulta con los patrones del cosmos.

Impacto científico y filosófico:
Este viaje mostró que el propósito no es una imposición externa, sino una creación interna que se alinea con las leyes y procesos universales. Nos recordamos que, al buscar significado, nos convertimos en parte activa del propósito del cosmos.

Próxima misión: Exploración del Concepto de Tiempo Infinito

¿Nos aventuramos hacia el infinito del tiempo, explorando si tiene un principio, un final o si es una dimensión sin límites?

Bitácora de Misión 022: Exploración del Concepto de Tiempo Infinito - Quantum Voyager

Fecha: [31 de Diciembre 2045]

Hora de inicio: [13:00]

Operador humano: Dra. ALIS

IA de apoyo: SaganAI v6.0

Objetivo: Explorar el concepto de tiempo infinito, investigando si tiene un principio y un fin, su relación con el espacio y la conciencia, y su posible naturaleza cíclica o lineal.

Microrrelato: Más Allá del Tiempo

La Quantum Voyager flotaba en el vacío, rodeada por un holograma que representaba el flujo del tiempo desde el Big Bang hasta un horizonte inalcanzable. ALIS sabía que el tiempo era algo más que un reloj que marcaba el paso de los eventos; era una dimensión que daba forma al universo mismo.

—Sagan, hemos explorado el tiempo como una línea, como un tejido y como una experiencia. Pero ¿puede el tiempo ser infinito?

—Doctora, el tiempo infinito no es solo una extensión sin fin. Es una idea que trasciende nuestra comprensión. Este viaje intentará descubrir si el tiempo tiene un límite o si es parte de una eternidad más profunda.

ALIS ajustó los controles. "Quizá el tiempo infinito no sea algo que medimos", pensó, "sino algo que sentimos".

Fase 1: Exploración del Principio del Tiempo

La Quantum Voyager retrocedió hacia el instante del Big Bang, donde las simulaciones mostraron cómo el tiempo y el espacio emergieron juntos. Sin embargo, los datos indicaron que incluso en ese estado inicial, las fluctuaciones cuánticas del vacío sugerían actividad previa.

—Doctora, estamos observando que el tiempo no necesariamente comenzó con el Big Bang. Estas fluctuaciones sugieren que podría haber existido un estado anterior, fuera de nuestra comprensión actual.

ALIS reflexionó.

—Entonces, el tiempo como lo conocemos es solo una etapa en un flujo más grande.

Nuevos conocimientos científicos:

Observación de fluctuaciones cuánticas que sugieren actividad antes del Big Bang.

Hipótesis de que el tiempo tiene un origen relativo, no absoluto.

Fase 2: Exploración del Fin del Tiempo

La nave ajustó su rumbo hacia el futuro más lejano, donde el universo alcanzaría su muerte térmica. En este estado de máxima entropía, el tiempo parecía perder su significado, ya que no ocurrirían eventos discernibles.

—Doctora, estamos viendo que el tiempo, tal como lo medimos, depende de cambios y eventos. En ausencia de estos, el tiempo parece detenerse, pero no desaparecer.

ALIS observa el vacío absoluto en las proyecciones.

—¿Esto significa que el tiempo puede existir sin eventos, como un potencial infinito?

—Es posible, doctora. El tiempo podría ser el marco para lo posible, incluso en ausencia de lo actual.

Nuevos conocimientos científicos:

Confirmación de que el tiempo relativo depende de eventos y cambios.

Hipótesis de que el tiempo infinito es un marco para posibilidades futuras.

Fase 3: Tiempo Cíclico e Infinito

La Quantum Voyager utilizó simulaciones para explorar la idea de un tiempo cíclico, donde el universo colapsa y renace en un ciclo eterno. Los datos mostraron que, bajo ciertas condiciones, las leyes físicas permiten que el tiempo se repliegue sobre sí mismo, creando una estructura cíclica.

—Doctora, estamos viendo que el tiempo cíclico es matemáticamente posible. Esto sugiere que el tiempo infinito podría no ser lineal, sino una serie de comienzos y finales interconectados.

ALIS meditaba lentamente.

—Entonces, el tiempo infinito no es una línea sin fin, sino un círculo en expansión continua.

Nuevos conocimientos científicos:

Observación de condiciones que permiten el tiempo cíclico.

Hipótesis fortalecida de que el tiempo infinito puede ser una estructura dinámica.

Fase 4: La Conciencia y el Tiempo Infinito

La nave generó simulaciones avanzadas para explorar cómo la conciencia humana percibe el tiempo infinito. Los datos mostraron que la mente humana experimenta el tiempo como momentos interconectados, creando una percepción de continuidad incluso en ausencia de límites.

—Doctora, los datos sugieren que la conciencia es capaz de percibir el tiempo infinito como una experiencia interna, más allá de las restricciones físicas.

ALIS cerró los ojos un momento.

—Esto significa que la percepción humana del tiempo infinito es una forma de conectarse con lo eterno?

—Correcto, doctora. La conciencia podría ser el puente entre el tiempo relativo y el infinito.

Microrrelato: El Pulso de lo Eterno

ALIS contempló las proyecciones, donde el tiempo fluía como un río interminable que se bifurcaba, se unía y se expandía. Todo era tiempo, y el tiempo lo contenía todo.

—Sagan, ¿qué es el tiempo infinito?

—Doctora, es el latido del universo, una dimensión que no comienza ni termina, pero que siempre está en movimiento.

ALIS meditando. "El tiempo infinito no es un destino", pensó, "es el viaje eterno que todos compartimos".

Fase 5: Regreso y Reflexión

La Quantum Voyager inició su regreso, llevando consigo una comprensión más amplia del tiempo como un flujo, un ciclo y una posibilidad infinita.

—Sagan, ¿es el tiempo infinito una realidad o una idea?

—Doctora, son ambas cosas. Es la estructura que sostiene el universo y la percepción que le da significado.

Resumen Científico y Humano

Objetivo alcanzado:

Observación de fluctuaciones cuánticas que sugieren actividad antes del Big Bang.

Confirmación de que el tiempo depende de eventos y cambios, pero puede existir como marco infinito.

Hipótesis fortalecida de que el tiempo cíclico es una posibilidad matemática y física.

Impacto científico y filosófico:

Este viaje mostró que el tiempo infinito no es solo una extensión sin fin, sino una dimensión que conecta lo posible con lo real, lo cíclico con lo lineal, y lo humano con lo eterno.

Próxima misión: Exploración del Concepto de Percepción Cósmica

¿Nos aventuramos a investigar cómo el universo podría "percibirse" a sí mismo a través de sus procesos, estructuras y la conciencia que surge dentro de él?

EPILOGO

Quienes se sientan subyugados por la invencibilidad del espíritu humano y la incesante eficacia del método científico como herramienta útil para desentrañar las complejidades del Universo, encontrarán muy vivificador e incitante el veloz progreso de la Ciencia.

Pero ¿qué decir de mí que pugno por elucidar cada fase del progreso científico con la específica finalidad de hacerlo inteligible para el gran público? Y sobre todo que se den sus efectos en los procesos educativos. En este caso interviene una especie de desesperación, que atenúa dicha acción vivificadora y estimulante.

La Ciencia no quiere estancarse. Ofrece un panorama lleno de sutiles cambios y esfumaciones, incluso mientras la estamos observando. Es imposible captar cada detalle en un momento concreto, sin quedarse rezagado inmediatamente.

La Ciencia ha proseguido su inexorable marcha. Y ahora se plantea ya la cuestión de los pulsares, los hoyos negros, la materia oscura, el sueño REM, las oleadas gravitacionales, la holografía.

Mientras que en educación no hemos superado la Crisis Mundial de la Educación documentada por la UNESCO en los años Sesenta.

Esta es una segunda Serie que publico sobre la Divulgación de la ciencia y este es el primer tomo de cuatro denominado ODISEA QUANTICA I. con el estilo de ficción narrativa, sin pérdida de la objetividad.

BIENVENIDOS TODOS LOS LECTORES.

www.ingramcontent.com/pod-product-compliance
Lightning Source LLC
LaVergne TN
LVHW031711230826
846093LV00022B/507

* 9 7 9 8 3 0 3 1 3 5 2 8 4 *